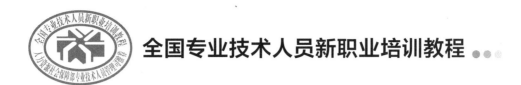

全国专业技术人员新职业培训教程

大数据工程技术人员

大数据基础技术

人力资源社会保障部专业技术人员管理司　组织编写

中国人事出版社

图书在版编目（CIP）数据

大数据工程技术人员：大数据基础技术/人力资源社会保障部专业技术人员管理司组织编写. -- 北京：中国人事出版社，2021

全国专业技术人员新职业培训教程

ISBN 978-7-5129-1019-5

Ⅰ.①大… Ⅱ.①人… Ⅲ.①数据处理–职业培训–教材 Ⅳ.①TP274

中国版本图书馆CIP数据核字（2021）第182906号

中国人事出版社出版发行

（北京市惠新东街1号　邮政编码：100029）

*

三河市潮河印业有限公司印刷装订　　新华书店经销

787毫米×1092毫米　16开本　21.5印张　325千字

2021年12月第1版　2023年11月第2次印刷

定价：58.00元

营销中心电话：400-606-6496

出版社网址：http://www.class.com.cn

版权专有　　侵权必究

如有印装差错，请与本社联系调换：（010）81211666

我社将与版权执法机关配合，大力打击盗印、销售和使用盗版图书活动，敬请广大读者协助举报，经查实将给予举报者奖励。

举报电话：（010）64954652

本书编委会

指导委员会

主　　任：朱小燕

副 主 任：朱　敏　谭建龙

委　　员：陈　钟　王春丽　穆　勇　李　克　李　颋　刘　峰

编审委员会

总 编 审：谭志彬　张正球

副总编审：黄文健　龚玉涵　王欣欣

主　　编：田　亮

编写人员：刘同海　王育欣　张　伟　杨　燕　潘　翔

主审人员：张大斌　伏玉琛

出版说明

当今世界正经历百年未有之大变局，我国正处于实现中华民族伟大复兴关键时期。在全球经济低迷，我国加快形成以国内大循环为主体、国内国际双循环相互促进的新发展格局背景下，数字经济发挥着提振经济的重要作用。党的十九届五中全会提出，要发展战略性新兴产业，推动互联网、大数据、人工智能等同各产业深度融合，推动先进制造业集群发展，构建一批各具特色、优势互补、结构合理的战略性新兴产业增长引擎。"十四五"期间，数字经济将继续快速发展、全面发力，成为我国推动高质量发展的核心动力。

近年来，人工智能、物联网、大数据、云计算、数字化管理、智能制造、工业互联网、虚拟现实、区块链、集成电路等数字技术领域新职业不断涌现，这些新职业从业人员通过不断学习与探索，将推动科技创新、释放巨大能量，推动人们生产生活方式智能化、智慧化、数字化，推动传统产业转型升级，为经济高质量发展注入强劲活力。我国在技术、消费与应用领域具备数字经济创新领先优势，但还存在数字技术人才供给缺口较大、关键核心技术领域自主创新能力不足、数字经济与实体经济融合的深度和广度不够等问题。发展数字经济，推进数字产业化和产业数字化，推动数字经济和实体经济深度融合，急需培育壮大数字技术工程师队伍。

人力资源社会保障部会同有关行业主管部门将陆续制定颁布数字技术领域国家职业技术技能标准，坚持以职业活动为导向、以专业能力为核心，遵循人才成长规律，对从业人员的理论知识和专业能力提出综合性引导性培养标准，为加快培育数字技术人才提供基本依据。根据《人力资源社会保障部办公厅关于加强新职业培训工作的通知》（人社厅发〔2021〕28号）要求，为提高新职业培训的针对性、有效性，进一步发挥新职业培训促进更好就业的作用，人力资源社会保障部专业技术人员管理司组织相关领域的专家学者编写了全国专业技术人员新职业培训教程，供相关领域开展新职业培训使用。

本系列教程依据相应国家职业技术技能标准和培训大纲编写，划分初级、中级、高级三个等级，有的职业划分若干职业方向。教程紧贴数字技术人员职业活动特点，定位于全国平均先进水平，且是相关数字技术人员经过继续教育或岗位实践能够达到的水平，突出该职业领域的核心理论知识、主流技术及未来发展要求，为教学活动和培训考核提供规范和引导，将帮助广大有意或正在从事数字技术职业人员改善知识结构、掌握数字技术、提升创新能力。

希望本系列教程的出版，能够在加强数字技术人才队伍建设、推动数字经济快速发展中发挥支持作用。

目 录

第一章　大数据硬件系统搭建与应用……………001
第一节　大数据机房设备的认识………………003
第二节　服务器配置……………………………015
第三节　网络配置………………………………025

第二章　大数据服务器系统搭建与应用…………041
第一节　系统安装与调试………………………043
第二节　系统依赖环境管理……………………049
第三节　系统资源监控…………………………057

第三章　大数据存储系统搭建与应用……………065
第一节　文件系统部署与应用…………………067
第二节　数据库部署与应用……………………085
第三节　Hive 数据仓库部署与应用 ……………105
第四节　Hive 数据仓库管理与运维 ……………116

第四章　大数据作业开发系统搭建与应用………125
第一节　作业计算系统搭建……………………127
第二节　作业资源管理与应用…………………153
第三节　作业开发平台部署与应用……………166
第四节　作业调度系统部署与应用……………172

第五章 大数据传输系统搭建与应用……187
第一节 离线数据采集系统搭建与应用……189
第二节 实时数据采集系统搭建与应用……204

第六章 大数据查询系统搭建与应用……225
第一节 ROLAP 系统搭建与应用……227
第二节 MOLAP 系统搭建与应用……239
第三节 实时 OLAP 系统搭建与应用……252
第四节 数据检索系统搭建与应用……267

第七章 大数据安全系统搭建与应用……283
第一节 用户验证系统配置与应用……285
第二节 数据访问权限管理……306
第三节 大数据平台安全与风险……317

参考文献……331

后记……333

第一章
大数据硬件系统搭建与应用

  广义的大数据硬件系统包括了从数据的产生、采集、存储、计算处理到应用等一系列与大数据产业环节相关的硬件设备，主要有传感器、移动终端、传输设备、存储设备、服务器、网络设备和安全设备等。而数据中心是大数据硬件系统的核心，本章将从硬件设备的认识入手，规划并连接各类设备，并搭建一套能够组成数据中心的最小化大数据硬件系统。

- ●**职业功能：** 中小型数据中心硬件系统规划、搭建与应用。
- ●**工作内容：** 制订面向中小型数据中心的建设方案，对服务器、交换机、路由器等设备进行规划及配置；结合具体环境下的网络组网布置方式，实现大数据系统的硬件系统正常上电点亮。
- ●**专业能力要求：** 能根据施工方案，进行需求沟通并确认设备参数；能参照施工方案，对大数据机架及大型设备进行机房空间规划并部署服务器；能根据组网规划方案，对各服务器或需联通网络设备进行组网布置；能根据现场设施及电力系统，对设备进行上电测试及点亮测试。
- ●**相关知识要求：** 机房中的各项设备功能及特性；服务器与交换机、路由器等设备的连接方式；服务器机架构造与使用。

第一节　大数据机房设备的认识

大数据是一种数据规模大到在获取、存储、管理、分析方面大大超出传统软件工具能力范围的数据集合，具有海量的数据规模（volume）、数据产生速度快（velocity）、数据类型多样（variety）和蕴含巨大价值（value）四大特征。

大数据引发三重挑战，首先是企业的IT基础架构是否适应大数据管理和分析的需要，尤其是要从大数据中查找并分析出有价值的信息。其次是影响数据处理速度的因素，归结起来主要有计算、存储和网络三大方面。最后是存储方面，传统的存储系统已经成为数据库处理的瓶颈。为了应对挑战，大数据常与服务器云计算联系到一起。因为实时的大型数据分析需要分布式处理框架，通常需要数十、数百甚至数万台服务器同时工作，以完成相应工作任务。

一、机房中的设备

服务器是利用更强大的硬件组合在共享网络中提供服务的设备。它在网络中接收周边客户端的请求，并在服务器内部或外部并行处理所接收到的请求，要求做到更高效、快速、稳定和可靠。服务器的构成包括高速处理器、大容量硬盘、高速内存、更高效的系统总线等。使用这样的架构，主要是应对客户端处理海量数据的请求。

在共享网络服务中，根据服务器提供的服务类型不同，分为文件服务器、数据库服务器、应用程序服务器、Web（world wide web，万维网）服务器等。

服务器与普通个人计算机性能指标对比如表1-1所示。

表 1-1　　　　　　　　　　服务器与 PC 指标对照

指标	服务器	个人计算机
多处理器支持	支持多处理器，性能高	一般不支持，性能低
多路互联支持	支持	不支持多路互联
稳定性要求	需要服务器无间断运行	稳定性低
扩展性	非常高	相对偏低
可靠性	很强	偏弱

关于服务器的分类标准，不同的厂商与应用平台提出了不同的分类依据，一般采取如表 1-2 所示的服务器分类依据。

表 1-2　　　　　　　　　　服务器分类

分类依据	服务器类别
按照应用级别	工作组级别服务器、部门级别服务器、企业级服务器
CPU 个数	单路、双路、多路
处理器架构	X86 服务器、IA-64 服务器、RISC 服务器
机箱结构	塔式服务器、机架式服务器、刀片式服务器
用途	通用型服务器、专用型服务器

二、服务器与交换机、路由器等设备的连接

根据服务器的分类依据以及企业处理数据需求选定服务器后，接下来就要把服务器应用到具体的网络服务中，处理客户端的请求。要把服务器与周边设备连接起来，形成共享网络，对外提供具体的处理服务。

（一）服务器双机热备份架构

为了保障服务的高可靠，经常采用双机热备份运行。备份服务器在主服务器出现宕机时，立即转为主服务器工作模式，承担主服务器的工作，及时提供对外服务工作，保障当前的处理服务不会因为一台服务器的宕机而中断。当宕机的服务器通过维修正

常后，会调取服务器角色配置，自动切换角色成为主服务器，恢复之前正常时的工作模式。其结构示意如图 1-1 所示。

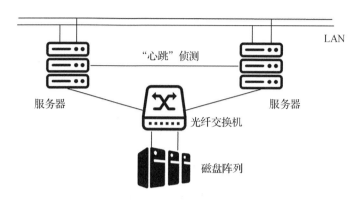

图 1-1 双机热备份结构示意图

1. 双机热备份架构特点

参见图 1-1 所示的两台服务器工作架构，整个系统由两台服务器和磁盘阵列构成双机热备份模式，两台服务器互为备份，当一台服务器出现服务宕机时，另一台服务器能立即接管中断的服务，保证系统服务的持续运行。服务器之间通过光纤交换机与磁盘阵列连接，进行数据传输与存取处理，两台服务器通过"心跳"机制进行监测与通信。彼此进行"心跳侦测"，按照设置的时间间隔监控彼此的运行状态是否良好。当一台服务器宕机时，会根据配置文件的相关参数，进行故障服务器的服务角色切换。服务器本地硬盘上安装工作需要的操作系统及相应的服务处理软件，请求处理的数据放在共享磁盘阵列上。

磁盘阵列具有热插拔功能，实现高扩展、高可靠存取数据，可以灵活组成 RAID（redundant array of independent disks，独立冗余磁盘阵列）模式。当一块硬盘损坏，数据可以恢复到设置的检查点状态，用备份的数据恢复丢失的数据。

在双机热备份服务器系统中，正常工作的服务器作为工作服务器，标记为 Active 状态；休眠的服务器作为备份服务器，标记为 Backup Server。在正常提供对外服务时，工作服务器为整个系统提供数据处理服务，负责整体网络中的正常请求与处理。与此同时，可以通过侦测链路心跳线监控备份服务器的运行状态，当发现备份服务器出现异常时，会发出异常预警信息。信息管理员会查看相关预警日志并进行维护，及时切换服务器。同时备份服务器也会通过侦测链路心跳线监控工作服务器的运行状态，当侦测到工作服务器出现宕机，不能提供对外服务或处理数据业务时，可以及时进行角色切换，主动接管工作服务器的处理工作，持续当前进行的业务服务，从而保证业务系统能够不间断正常提供服务。当出现宕机的工作服务器经过运维恢复正常后，还可以选择切回先前的工作模式，恢复以前正常时的工作角色，充当主服务器。

由于整个系统采取共享磁盘阵列的方式，要处理的数据没有放在当前服务的本地磁盘上，因此服务器切换过程不会涉及保存的数据，而且不需要占用有限的网络资源，提高了切换的效率，从而保证了数据的安全性和可靠性。

共享磁盘阵列用于要处理的海量数据存储，主要包括数据库、文件、共享资源信息等，并对存储的数据提供安全保障。在硬件设计上，磁盘阵列采用设备冗余设计和热插拔技术，能实现工作状态更换磁盘、电源、风扇、磁盘等周边部分硬件；在软件设计上，共享磁盘阵列采用 RAID0[①] 设计模式和 0+1 校验算法，根据实际工作情态可选用相应的算法，对数据采取针对性保护。当一块磁盘出现硬件故障后，磁盘阵列将发出警报，只需要及时更换故障磁盘，磁盘阵列会快速通过 RAID 算法将数据自动恢复到正常状态。这些操作是由磁盘阵列自动完成的，不需要服务器的直接干预，也不会影响到服务器对磁盘阵列的数据读写。

2. 双机容错系统解决方案的可靠性

双机容错的集群系统具有很高的可靠性。两台服务器可以作为一个系统整体对共享网络提供服务，相互监测彼此的运行状态。集群实现了负载均衡，可以在两台服务器上实现多任务均衡和单任务的多线程均衡，从而提升系统的整体运行性能。当一台服务器发生宕机时，在这台机器上所运行的进程和线程以及服务都可以自动由另一台服务器切换并立即接管，保证整个系统服务不受影响。与此同时，系统采用 RAID 技术对处理的数据进行保护，不会因为服务器的故障而丢失重要的数据。

双机解决方案的特点总结为：

---

① RAID0 技术把多块（至少两块）物理硬盘设备通过软件或硬件的方式串联在一起，组成一个大的卷组，并将数据一次写入到各个物理硬盘中。

一是高可靠性。

- 支持冗余磁盘阵列。
- 冗余电源和风扇设计。
- 所有部件均支持热插拔。
- 主机可各自运行自己的应用，互为备份，共享磁盘数据。

二是高可用性。

- 可扩展性强，性价比高，高容错性，系统安全高效。

（二）交换机

交换机（switch）是一种在网络通信系统中完成信息转发、交换功能的网络设备。其主要功能包括以太网数据包交换、设备物理编码、网络拓扑结构、数据传输错误校验、封装转发数据帧及数据流控制。新型交换机具备了虚拟局域网、链路汇聚、设置防火墙的功能。下面介绍几款不同功能的交换机。

1. 核心交换机

通常核心交换机是放在核心层（网络主干部分）的位置，在整体网络中处于主控位置。核心交换机基本采用模块化可插拔式设计，提供相当数量的卡板和插槽，具有强大的网络扩展功能，以保护信息传输的高可靠性。

在中小型组网应用中，通常会将三层交换机用在网络链路的核心层，用三层交换机上的千兆埠或百兆埠连接不同的子网或外网。采用三层交换机最重要的目的是针对快速传输信息而设计合理的路由功能，实现所组网络的区域内部的数据快速交换。核心交换机的特点强调信息交换速度快、组网简单快捷，所以在安全和协议支持方面设计简单、部署方便，但安全功能不如专业交换机，也不能完全取代路由器工作。其外观如图1-2所示。

图1-2 核心交换机

2. 光纤交换机

光纤交换机是大型网络中用于高速数据传输的中继设备，与普通交换机相比，传输介质有所改变，采用了光纤电缆作为传输材质，其特点是速度快、抗干扰能力强。

光纤交换机特别适合数据点接入距离远、环境复杂、抗电磁干扰以及加密传输等场合。广泛应用的领域有：住宅小区电信宽带接入网络、大中型企业高速光纤局域网、高可靠的工业集散控制系统、光纤数字信息视频监控系统、医院高速光纤局域网、大学智慧校园网络等。其外观如图1-3所示。

图1-3 光纤交换机

3. 接入层交换机

一般将在网络中直接面向终端用户的连接或访问网络的接入端部分称为接入层。位于接入层和核心层之间的部分称为分布层或汇聚层。接入层交换机一般用于直接连接计算机或服务器，汇聚层交换机一般用于车间、楼宇之间。汇聚相当于一个信息汇聚点或重要的汇集中转站，核心相当于一个总出口或总汇聚。设计汇聚层的目的是为了减少核心层交换机的传输负担，在本地数据交换机上的流量在本地的汇聚交换机上处理并交换，减少核心层交换机的工作压力，使核心层交换机只处理本地区域网络外的数据交换。其外观如图1-4所示。

图1-4 接入层交换机

4. 光纤收发器

光纤收发器是一种将短距离的双绞线电信号和长距离的光信号进行互换的以太网传输信号转换设备，一般被称为光电转换器（fiber converter）。光纤收发器一般应用在以太网电缆无法覆盖、必须使用光纤来延长传输距离的工作或生活网络环境中，定位在宽带城域网的接入层应用，如监控安全工程的高清视频图像传输。帮助光纤把最后一公里线路连接到城域网和更外层的网络上，发挥更大的企业经营、社会服务价值。其外观如图 1-5 所示。

图 1-5　光纤收发器

（三）路由器

路由器（router）是连接互联网中两个或多个网络之间的硬件设备，它会根据信道的情况自动选择和设定路由，以最佳路径，按先后顺序发送信息和数据包。路由器处在网络中的枢纽地位，就像是网络链路上的"交通警察"。路由器被广泛应用在工业、生产、学校、医院、日常生活领域。不同厂商根据相应的标准生产出不同档次的产品，这些产品已成为实现各种局域网内部连接、局域网间互联和局域网与互联网相连的主打设备。路由器和交换机之间的主要区别是交换机发生在 OSI（open system interconnection，开放式系统互联通信）七层参考模型的第二层，也就是数据链路层，而路由器发生在七层模型的第三层，也就是网络层。这就决定了路由器和交换机在处理和交换信息的过程中需要使用不同的控制机制，同时，两者实现各自功能的方式也不同。

路由器用于连接多个逻辑上分开的网络，逻辑网络就是代表一个相对独立的网络或者一个子网。当信号从一个网络传输到另一个网络时，可通过路由器的路由功能来实现。路由器具有自动识别网络地址和选择 IP 路由的功能，它能在所组成的复杂路由网络环境中寻找可信的连接，采用完全不同的数据分组和介质访问方法寻找当前路由中的子网。路由器只接收源站或其他路由器的信息,因此定义为网络层的一种网络硬件连接设备。

表1-3总结了路由器的分类。

表1-3　　　　　　　　　　　　路由器的分类

分类依据	路由器的分类		
按结构划分	模块化路由器	非模块化路由器	
按功能划分	骨干级路由器	企业级路由器	接入级路由器

1. 按结构划分

路由器按结构可分为模块化路由器和非模块化路由器。根据用户的工作和生活需求来配置路由器的接口类型和扩展功能的路由器,一般称之为模块化路由器。

该类型的路由器在出厂时只提供最基本的路由功能,用户根据所要连接的网络类型来选择设置相应的功能模块,不同的模块可以提供不同的路由和管理功能。比如,一些模块化路由器可以允许用户选择网络接口类型、提供VPN或提供防火墙的功能。市面上多数厂商提供的高端路由器都是模块化路由器。

非模块化路由器基本属于低端路由器,一般家庭生活学习用的路由器就是这种非模块化路由器。这种路由器主要用于连接家庭、小型企业或部门内部网络,非模块路由器不仅提供了SLIP或PPP连接,有的还支持诸如PPTP和IPSec等虚拟私有网络协议,但这些协议要在每个端口上配置并运行。

2. 按功能划分

按功能划分,路由器可分为骨干级路由器、企业级路由器和接入级路由器。

骨干级路由器是企业级网络连接设备中的核心中枢部件,要传输的数据信息量很大而且也很重要,因此对骨干级路由器基本性能的要求是高速度和高可靠性。如何得到高可靠性,网络系统一般采用诸如热备份、双电源、双数据通路等传统冗余技术,从而让骨干路由器的可靠性得到保障。

企业级路由器负责连接很多必要的终端设备,功能设置相对简单一些,而且数据传输流量相对较小,所以,对企业级路由器的设置要求是使用尽可能简单实用的方法去实现尽可能多的终端连接，还要保证支持高水平的数据传输质量。

接入级路由器主要应用于连接家庭、小型企业或部门内部局域网，要求配置的参数也较为简单，一般出厂时已设置好，用户只需接入设备即可使用。常见的接入级路由器外观如图 1-6 所示。

图 1-6　接入级路由器

三、机架构造

（一）服务器分类

服务器按外形分类可以分为塔式服务器、机架式服务器、刀片式服务器、高密度服务器等，以下介绍几种常见的服务器。

1. 塔式服务器

塔式服务器也称为台式服务器，没有固定统一的外形，不同厂商外形也不一样，外形和结构基本同我们常用的台式个人计算机相似。其外观如图 1-7 所示。

塔式服务器的主板扩展性很强，机箱内部空间一般比较宽大，目的是便于对硬盘、电源、内存等部件的冗余扩展。塔式服务器不需要特定的外部设备支持，对工作环境也没有过高要求，而且具有良好的可扩展性，因此被很多企业采购。

塔式服务器由于没有统一的外形规定，各厂商生产型号不尽相同，在企业需要采用多台服务器同时工作，以满足

图 1-7　塔式服务器

运行的应用服务需要时，由于其体积、型号不同、操作系统不同、占用空间大小不一，运维修理有一定的困难。

2. 机架式服务器

机架式服务器是很多企业首选的服务器，由于有统一标准的工业设计，能满足企业服务器密集部署需要。机架式服务器的主要优点表现在节省空间，布局合理、拆装方便，能够将多台服务器集成到一个机架上，不仅可以占用更小的空间，而且便于统一管理。一般设计标准是服务器的宽度为19英寸，高度以U为单位（1 U=1.75英寸=44.45毫米），市面上知名厂商生产的常见机架式服务器有1 U、2 U、3 U、4 U、5 U、7 U几种标准型号。其外观如图1-8所示。

图1-8 机架式服务器

机架服务器内部空间比较紧凑，扩展性受到限制，例如1 U的服务器只有1~2个PCI扩充槽。另外，由于空间狭小，不利于散热，安装时需要有机柜等外部设备，因此机架服务器常用于服务器需求数量较多的大中型企业使用。由于管理和运维成本相对较高，也有不少企业租用服务商服务器或托管于服务商或架设云服务器。成本价格方面，市面上同类厂商的机架式服务器价格要高于塔式服务器。

3. 刀片式服务器

刀片式服务器是一种高可用高密度的低成本服务器平台，是专门为特殊应用行业和高密度计算机环境设计的。每一块"刀片"类似于一个个独立的服务器，这些"刀片"组合都可以通过本地硬盘启动独立的操作系统。在集群模式下，所有的"刀片"可以连接起来提供高速的网络环境，共享资源，实现并行的巨量数据分析和处理，并提供对外服务。其外观如图1-9所示。

图 1-9 刀片式服务器

根据服务器处理的功能，刀片服务器被分成服务器刀片、网络刀片、存储刀片、管理刀片、光纤通道 SAN（storage area network，存储区域网络）刀片、扩展 I/O 刀片等不同功能的刀片服务器。

刀片服务器对比机架服务器更节省机器布置空间，多刀片聚集导致散热问题更为突出，需要在机箱内安装大型风扇来散热。刀片服务器虽然空间较为节省，但是所用机柜与刀片成本都比较高，一般应用于大型的数据处理中心或需要大规模计算的领域和行业企业，例如银行、电信、金融行业以及互联网数据处理中心等。

另外，按照服务器功能应用分类，可以分为：Web 服务器、FTP（file transfer protocol，文件传输协议）服务器、SAMBA（在 Linux 和 UNIX 系统上实现信息服务块协议的一个软件）服务器、DNS（domain name server，域名系统）服务器等。

服务器也可按指令集来分类，根据采用 CPU 内核数量情况，初期 CPU 只有一个内核，新型的服务器 CPU 聚合技术，将多个内核装进一个 CPU 芯片中，处理性能得到了很大的提升，这就产生了两种不同类型的指令集：RISC（reduced instruction set computer，精简指令集计算机）（非 X86 架构，如 Unix 服务器）和 CISC（complex instruction set computer，复杂指令集计算机）（典型代表为 X86 架构）。

（二）服务器硬件组成

一般的服务器由主板、数据总线、电源、CPU、内存、硬盘、风扇、光驱等设备构成，如图 1-10 所示，详细信息如表 1-4 所示。

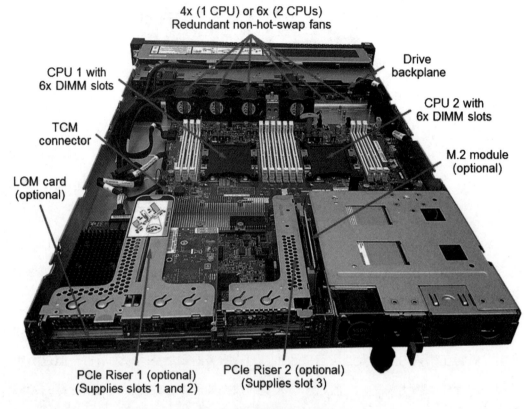

图 1-10　服务器内部构造

表 1-4　服务器的主要组件概述

组件	说明
机箱	可安装在 1U 机架上的服务器
CPU	最多可安装 2 个处理器在主板装置上
内存	共有 12 个 DIMM（dual-inline-memory-module，双列直插内存模块）插槽（每个处理器 6 个内存通道，每个通道 1 个 DIMM）
I/O 扩展	最多 3 个 PCIe（peripheral component interconnect express，高速串行计算机扩展总线标准）3.0*8 或 PCIe 3.0*16 插槽，取决于具体安装的转接卡
存储设备	对于内部存储，服务器提供了 8 个 2.5 英寸驱动器托架或 4 个 3.5 英寸驱动器托架，可通过前面板装卸
USB 端口	2 个外部 USB 3.0 端口（后面板） 1 个外部 USB 3.0 端口和 1 个外部 USB 2.0 端口（前面板）

续表

组件	说明
视频端口	前后各 1 个 VGA（video graphics array，视频图形阵列）端口
以太网端口	1 个基于 RJ（registered jack，标准 8 位模块化接口）-45 的 10 GbE 100/1 000/10 000 Mbps 端口，位于后面板上
电源	最多 2 个 550 W 或 750 W 可热交换交流电源

第二节 服务器配置

服务器配置是指运维修理人员根据企业的实际工作需求，针对安装有服务器操作系统的设备进行软件或者硬件的相应配置、操作，从而实现企业对数据处理服务的要求。服务器配置通常是服务器运维人员工作中的关键部分，除了初次配置服务器，服务器运维人员还需要担负以下职责：安装操作系统，更新固件以满足功能和工作环境要求，配置设备，以及充分发挥服务器的功能。

一、服务器的接口

详细的服务器配置分为前面板组件、后面板组件、物理规格和电气规格，以下将详细介绍。

（一）前面板组件

服务器前面板示意图及说明如图 1-11 和表 1-5 所示。

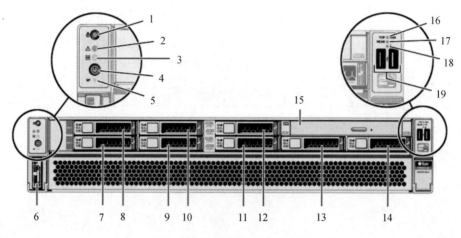

图 1-11　服务器前面板示意图

表 1-5　　　　　　　　　　　服务器前面板示意图说明

编号	说明
1	定位器按钮/定位器 LED 指示灯（白色）
2	需要维修 LED 指示灯（琥珀色）
3	电源 LED 指示灯（绿色）
4	电源按钮
5	SP 电源正常按钮（绿色）关系的类型
6	服务器序列号
7	驱动器 0
8	驱动器 1
9	驱动器 2（或 NVMe 驱动器 0）
10	驱动器 3（或 NVMe 驱动器 1）

续表

编号	说明
11	驱动器 4（或 NVMe 驱动器 2）
12	驱动器 5（或 NVMe 驱动器 3）
13	驱动器 6
14	驱动器 7
15	DVD 驱动器（SATA）
16	风扇故障 LED 指示灯（琥珀色）
17	PS 故障 LED 指示灯（琥珀色）
18	温度过高 LED 指示灯（琥珀色）
19	USB 2.0 连接器（2 个）

（二）后面板组件

服务器的后面板示意图及说明如图 1-12 和表 1-6 所示。

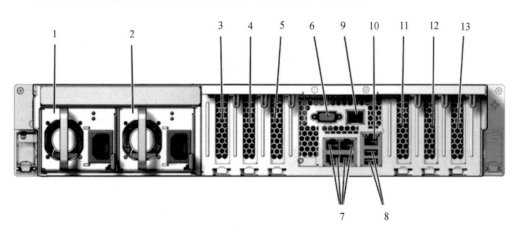

图 1-12　服务器后面板示意图

注：将电缆连接到服务器时，必须按照正确的顺序操作，务必在连接所有数据线缆之后连接电源线。

表1-6　　服务器的后面板示意图说明

编号	说明
1	电源0（PS 0）
2	电源1（PS 1）
3	PCIe 插槽1
4	PCIe 插槽2
5	PCIe 插槽3
6	DB-15 视频连接器
7	网络100/1 000/10 000端口：NET 0到NET 3
8	USB 3.0接口（2个）
9	SER MGT RJ-45 网络端口
10	NET MGT RJ-45 网络端口
11	PCIe 插槽4
12	PCIe 插槽5
13	PCIe 插槽6

（三）物理规格

服务器的物理规格如表1-7所示。

表1-7　　服务器的物理规格

说明	美制	公制
机架单元	2 U	2 U
高度	3.45英寸	87.6毫米
宽度	17.5英寸	445毫米
深度	29英寸	737毫米
重量（不含机架装配工具包）	56磅	25.6千克
最小维修操作空间（前面）	48.5英寸	1 232毫米

续表

说明	美制	公制
最小维修操作空间（背面）	36 英寸	914.4 毫米
最小通风空隙（前面）	2 英寸	50.8 毫米
最小通风空隙（背面）	3 英寸	76.2 毫米

（四）电气规格

服务器的电气规格如表 1-8 所示。

表 1-8　　　　　　　　　　服务器的电气规格

说明	美制	公制
电压	200～240 VAC	
频率	50～60 Hz	
200 VAC 电压下最大工作输入电流（每根电源线）	5.7 A	实际安培值可能超过额定值，但不会超过 10% 以上
200 VAC 电压下最大工作输入电流（所有输入）	7.0 A	
200 VAC 电压下最大工作输入功率	1 370 W	
最大待机功率	20 W	
空闲输入功率（最高配置）	658 W	
空闲输入功率（最低配置）	398 W	
峰值 AC 输入功率（最高配置）	1 306 W	符合 SpecJBB
峰值 AC 输入功率（最低配置）	634 W	符合 SpecJBB
最大热耗散	4 456 BTU/hr	

二、服务器的布置方式及策略

（一）服务器上架

安装前检查服务器各个部件如图 1-13 所示。

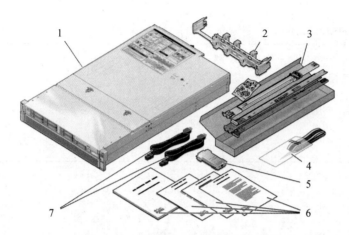

图 1-13　服务器与辅助安装部件示意图
1—服务器　2—理线架　3—机架装配工具包　4—防静电手腕带
5—RJ-45 至 DB-9 交叉适配器　6—印刷文档　7—2 根 AC 电源线

安装步骤为：

·将装配托架靠在机箱上，使滑轨锁位于服务器前部，并让装配托架上的 5 个锁眼开口与机箱侧面的 5 个定位销对齐，如图 1-14 所示。

·让 5 个机箱定位销的前端伸出装配托架上的 5 个锁眼开口，然后将装配托架朝机箱前部拉，直至装配托架固定夹发出"咔嗒"一声后锁定到位。

·检验后部定位销是否已与装配托架固定夹相啮合。

·重复步骤 2 至步骤 3，将另一条装配托架安装到服务器的另一侧。

·将滑轨装置连接到机架，滑轨与机架的连接点如图 1-15 所示。

·连接网线：用 5 类（或更好的）网线从网络交换机或集线器连接到机箱背面的以太网端口 0（NET 0），如图 1-16 所示。

·将网线固定到 CMA，如图 1-17 所示。

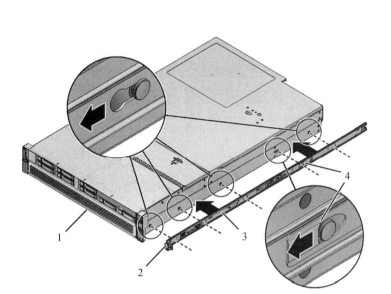

图 1-14 装配托架与定位销对齐示意图
1—服务器前部 2—滑轨锁 3—装配托架 4—装配托架固定夹

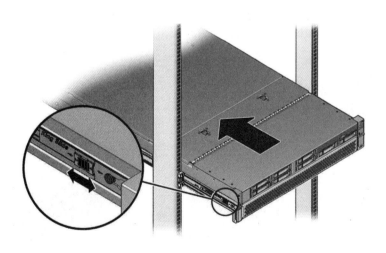

图 1-15 滑轨与机架连接点示意图

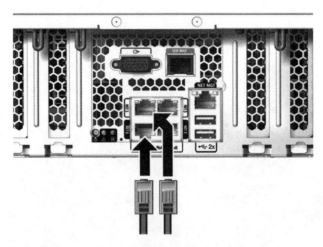

图 1-16　连接以太网端口示意图

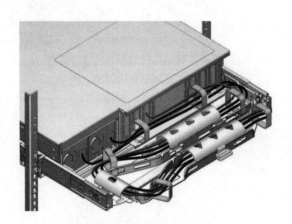

图 1-17　CMA 布线示意图

（二）服务器的基本使用方式

服务器安装固定之后，接下来要接线，启动服务器。

·准备电源线，将它们从交流电源布置到服务器，交流电源连接到服务器的方式如图 1-18 所示。

·将设备连接到 SER MGT 端口。

·将终端或仿真器连接到 SER MGT 端

图 1-18　交流电源连接服务器示意图

口。连接电源线后，SP 会进行初始化，电源 LED 指示灯会亮起。

·打开服务器电源后，将在系统控制台的控制下开始引导过程。系统控制台可显示在系统启动期间运行的基于固件测试所生成的状态消息。

·从 DVD 介质或者从网络上的其他服务器来引导和安装系统，状态消息示意图如图 1-19 所示。

```
要获取您可以在 OpenBoot 提示符下输入的有效引导命令的列表，请键入：
{0} ok help boot
boot <specifier> ( -- )    boot kernel ( default ) or other file
  Examples:
    boot                   - boot kernel from default device.
                             Factory default is to boot
                             from DISK if present, otherwise from NET.
    boot net               - boot kernel from network
    boot cdrom             - boot kernel from CD-ROM
    boot disk1:h           - boot from disk1 partition h
    boot tape              - boot default file from tape
    boot disk myunix -as   - boot myunix from disk with flags "-as"
dload <filename> ( addr -- )   debug load of file over network at address
  Examples:
    4000 dload /export/root/foo/test
    ?go                    - if executable program, execute it
                             or if Forth program, compile it
```

图 1-19　状态消息示意图

·在 ok 提示符下，选择适合的安装方法的引导介质进行引导。

·安装期间，按照指示提供配置参数，最终启动服务器。

（三）网络策略和网络连接解决方案

网络访问保护（NAP）是一种创建、强制和修正客户端健康策略的技术，包含在客户端操作系统和操作系统中。通过 NAP，系统管理员可以设置并自动强制运行状况策略，策略中可以包含软件要求、安全更新要求、计算机配置要求以及其他设置。可以为不符合健康策略的客户端计算机提供受限网络访问，直到更新其配置并且使其符合策略时为止。管理员根据部署 NAP 的方式，来设置自动更新不兼容的客户端，使用户重启网络访问，不受权限制约，避免手动更新或重新配置服务器。

安全无线与有线访问：在部署 802.1X[①] 无线访问点时，安全无线访问会向无线用户提供一种易于部署的、基于密码的安全身份验证方法。当部署 802.1X 身份验证切换时，有线访问可以确保 Intranet（内部网）用户通过身份验证后才可以连接到网络

---

① 802.1X 协议是基于 Clent/Server 的访问控制和认证协议，它可以限制未经授权的用户 / 设备通过接入端口访问 LAN/WLAN。

或使用 DHCP 获取 IP 地址，从而保护网络安全。

远程访问解决方案：使用远程访问解决方案，可以向用户提供对组织的网络虚拟专用网（VPN）和拨号访问权限。还可以通过 VPN 解决方案将分支机构连接到网络，在网络上部署功能齐全的软件路由器，并在整个内部网中共享网络连接。

集中网络策略管理：使用 RADIUS 服务器和代理进行的集中网络策略管理，无须在无线访问点、802.1X 身份验证切换、VPN 服务器和拨号服务器等每台网络访问器上配置网络访问策略，只需在一个位置创建策略，即可指定网络连接请求的所有方面内容，包括允许谁进行连接，何时可以连接，以及连接到网络时必须要使用的安全等级。

三、服务器的基本使用方式

当对服务器组件的配置文件进行更改时，需在这些更改生效之前停止并启动服务器。

（一）启动服务器

表 1-9 描述了用于启动服务器的选项。

表 1-9　　　　　　　　　　　　服务器启动选项

启动服务器	详细信息
从 First Steps 用户界面	单击启动服务器
从命令行	在 Windows 平台上：startserver servername 在 Linux 和 UNIX 平台上：startserver.sh servername

（二）停止服务器

表 1-10 描述了用于停止服务器的选项。

表 1-10　　　　　　　　　　　　服务器停止选项

启动服务器	详细信息
从 First Steps 用户界面	单击停止服务器并在提示时提供有效的用户名和密码，提供的用户名和密码必须属于操作员或管理员角色

续表

启动服务器	详细信息
从命令行	在 Windows 平台上：stopserver servername –profileName ProfileName –username username –password password 在 Linux 和 UNIX 平台上：stopserver.sh servername –profileName ProfileName –username username –password password

（三）检查服务器是否已成功停止

表 1-11 描述了用于验证服务器是否已正常停止的选项。

表 1-11　　　　　　　　　　服务器停止状态监测选项

检查服务器是否已成功停止	详细信息
从用户界面	First Steps 输出窗口详述了请求结果
从命令行	请求结果显示在进行请求所使用的命令窗口中

第三节　网络配置

一、机房组网规划方式

常见的网络拓扑结构有星型拓扑结构、总线型拓扑结构、环形拓扑结构、网型拓扑结构等，企业常用的是星型拓扑结构和网型拓扑结构。

（一）星型拓扑结构

星型拓扑结构是指每台设备拥有且只有一条与中央控制器（集线器）连接的点到点链接。周边相关网络设备不是直接相互连接的。星型拓扑结构的网络属于集中控制型网络，整个网络由中心节点执行集中式数据传输控制管理，各节点间的通信都要通过中心节点。星型拓扑结构如图1-20所示。

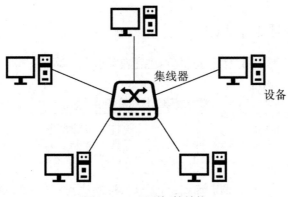

图1-20　星型拓扑结构

星型拓扑结构的优点：

·容易实现而且控制简单。快捷灵活方便是此结构被中小企业和学校采用内部局域网的原因。

·故障诊断和隔离容易。中央节点对连接线路可以逐一隔离进行故障检测和定位，单个连接点的故障只影响一个设备，不会影响全网。

·易于扩展。中央节点可以方便地添加节点和对新节点进行网络重新配置。

星型拓扑结构的缺点：

·组网成本相对较高，对中心交换机的性能要求高，同时需要耗费大量的网线，运维的工作量也会大增。

·中央节点压力过大，容易造成通信"瓶颈"，一旦故障，则全网通信都受影响。

·各节点的分布处理数据能力相对偏低。

（二）网型拓扑结构

网型拓扑结构是指网络中的每台设备之间均有点到点的连接，这种连接线路条数多，相对复杂。当每个节点都要频繁发送数据时才使用这种方法。它的安装部署也相对复杂，但系统可靠性高、容错能力强，也称为分布式结构。网型拓扑结构如图1-21所示。

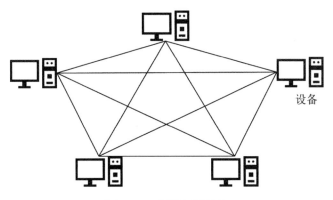

图 1-21　网型拓扑结构

网型拓扑结构的优点：

·网络可靠性高。一般通信子网中任意两个节点交换机之间，存在着两条或两条以上的通信路径，这样，当一条路径发生故障时，还可以通过另一条路径把信息送至节点交换机。

·网络可组建成各种形状，采用多种通信信道，多种传输速率。

·网内节点共享资源相对容易。

·可改善线路的信息流量分配。

·可选择最佳路径，传输延迟小。

网型拓扑结构的缺点：

·控制复杂，软件复杂。

·线路费用高，不易扩充。

网型拓扑结构一般用于互联网的骨干传输网上，使用路由算法来计算发送数据的最佳路由。

（三）数据中心网络结构

随着大数据领域对机房要求的增加，传统机房中的简单组网拓扑结构已很难满足数据中心建设需求。新型数据中心往往采用 IDC（international data corporation，IDC 互联网数据中心）平台结构构建网络连接，如图 1-22 所示。

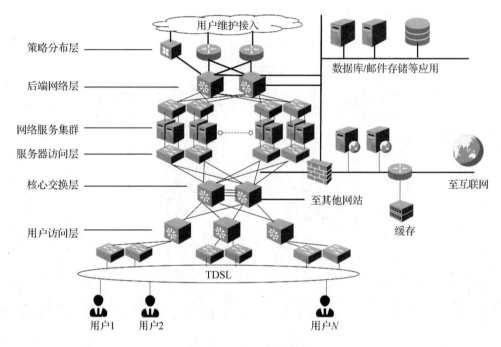

图 1-22　IDC 网络结构

核心交换层：由两台多层交换机构成，实现双机高容错、高可靠、高效无阻塞的交换。

策略分布层：由一组交换机组成，负责完成服务器负载均衡和策略分布任务。

服务器访问层：由一组交换机组成，完成托管服务器的高速接入工作。

后端网络层：由两台构成，采用双机容错工作机制，实现 IDC 管理中心，数据库、邮件、应用等服务器和存储系统的连接，托管服务器通过第二块网卡和后端网络相连，保障高可靠的数据传输与访问。后端网络通过防火墙和前端的核心网络连接，实现 IDC 管理中心对前端网络的管理，防火墙则为后端网络提供更严格的保护。

用户访问层：由多台主机组成，提供企业和个人用户接入访问，提供外网服务，企业用户还可通过 VLAN 和托管的服务器连接访问，实现企业日常的维护工作。

二、交换机、路由器配置

（一）交换机工作原理

交换机工作原理：交换机收到数据时，会检查数据发送的目的MAC（media access control，媒体介入控制层）地址，然后把数据发送到目的主机，在其源数据所在的节点接口转发出去。交换机之所以能实现这一功能，是因为交换机内部有一个MAC地址表，MAC地址表记录了网络中所有MAC地址与该交换机各端口的对应信息。当某一数据帧需要转发时，交换机会根据该数据帧的目的MAC地址来查寻MAC地址表，从而得到该地址对应的端口，也就是知道该MAC地址的设备是连接在交换机的哪个端口上，然后交换机把数据帧从该端口转发出去。其工作原理示意图如图1-23所示。

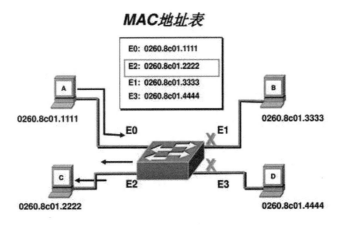

图1-23　交换机工作原理示意图

交换机的工作过程：

· 主机A→C发送信息，初始MAC地址表。

· MAC地址学习，把主机A的地址写入MAC地址表，并标识主机A的接口。

· 广播未知数据帧，向所有端口转发。这一过程称为泛洪（flooding）。

· 主机C接收信息并回应主机A，主机B和D丢弃信息。

· 后续过程中，MAC地址存在C主机地址和标注的接口，A与C实现单播通信。

交换机的三个主要功能：

· 学习：以太网交换机了解每一端口相连设备的 MAC 地址，并将地址同相应的端口映射起来存放在交换机缓存中的 MAC 地址表中。

· 转发/过滤：当一个数据帧的目的地址在 MAC 地址表中有映射时，它被转发到连接目的节点的端口而不是所有端口（如该数据帧为广播/组播帧则转发至所有端口）。

· 消除回路：当交换机包括一个冗余回路时，以太网交换机通过生成树协议避免回路的产生，同时允许存在后备路径。

以太网接口工作模式：交换机端口有半双工和全双工两种端口模式，目前交换机可以手工配置，也可以自动协商来决定端口究竟工作在何种模式。全双工模式：传输数据是双向同步进行的，即同时接收和发送数据。半双工模式：同一时刻只能单向传输数据，即要么是接收数据，要么是发送数据。自适应模式：即自动协商双工模式。在状态显示时，显示的是协商后的实际工作模式。

（二）路由配置

1. 与网络配置相关的基本知识

网络协议：计算机网络进行计算与计算之间的通信，在它们之间必须首先决定通信的"约束规则"，简称为协议。即使不同的制造商生产的商品，只要使用相同的协议，它们之间就能够互相通信，计算机与计算机之间必须使用同一个协议，必须能够进行该协议所规定的处理。常用协议有 IP、TCP、HTTP、POP3、SMTP。

七层模型：参考模型是国际标准化组织（ISO）制定的一个用于计算机或通信系统间互联的标准体系，一般称为 OSI 参考模型或七层模型。它是一个七层的、抽象的模型体，不仅包括一系列抽象的术语或概念，也包括具体的协议。

四层模型：TCP/IP 模型又称为四层模型，是一组用于实现网络互联的通信协议。Internet 网络体系结构以 TCP/IP 为核心。TCP/IP 模型与 OSI 模型均采用了层次划分结构，两者的对应关系如图 1-24 所示。

数据的封装与传输的详细过程如下：

（1）数据的封装过程。

数据的封装过程如图 1-25 所示。

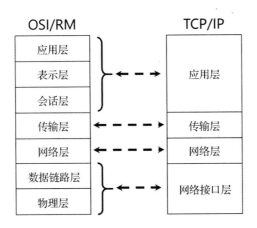

图 1-24　OSI 与 TCP/IP 模型对应关系

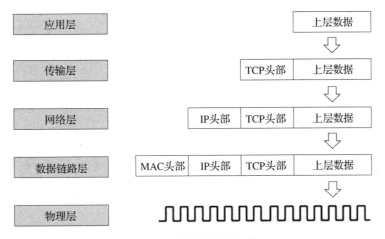

图 1-25　数据的封装过程

·应用层：把传输的数据通过特殊的编码过程转换成二进制数据。

·传输层：上层数据被分割成小的数据段，并为分段数据封装 TCP 报文头。

·网络层：在上层数据封装新的头部信息——IP 地址，用于标识网络逻辑地址。

·数据链路层：在上层数据加封 MAC 头部信息——MAC 地址，固化在硬件设备中的物理地址，具有唯一性。

·物理层：把传输的二进制组成的比特流转化为电信号在网络中传输。

（2）数据的解封装过程。

数据到达接收方，将进行数据的解封装过程，是封装过程的逆过程。数据的解封装过程如图 1-26 所示。

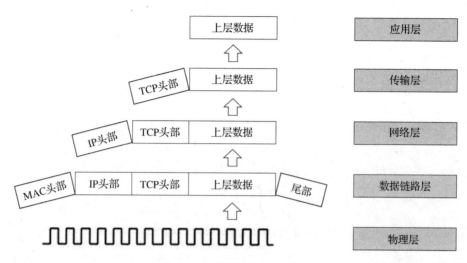

图 1-26 数据的解封装过程

首先将电信号转换成二进制数据,并向上层传递。在数据链路层,将查看 MAC 地址是否与自己的 MAC 地址相符;如果一致,将 MAC 头部修拆掉,并将剩余信息向上传递。网络层与数据链路层做相似的处理,如果 IP 地址与自己一致,拆掉 IP 头部信息并向上一层传递,否则将信息丢弃。传输层查看 TCP 头部信息,判断数据段相应的应用层,然后将之前被分割的数据段重组,将重组后的数据送往应用层。在应用层将二进制数据经过解码,还原成发送者所传输的原始信息。

2. 网络传输方法

(1)安全管理。

安全管理能够有效防止外部客户端非法入侵单位内部局域网,根据工作实际需要来设置外来计算机访问网内计算机策略。

(2)传输控制。

TCP 是因特网中的传输层协议,使用三次握手协议建立连接,如图 1-27 所示。当主动方发出 SYN 连接请求后,等待对方回答 SYN+ACK,并最终对对方的 SYN 执行 ACK 确认。这种建立连接的方法可以防止产生错误的连接,TCP 使用的流量控制协议是可变大小的滑动窗口协议。

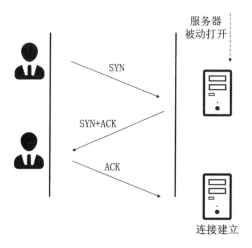

图 1-27　三次握手工作原理

TCP 三次握手的过程如下：

·客户端发送 SYN（SEQ=x）报文给服务器端，进入 SYN_SEND 状态。

·服务器端收到 SYN 报文，回应一个 SYN（SEQ=y）ACK（ACK=x+1）报文，进入 SYN_RECV 状态。

·客户端收到服务器端的 SYN 报文，回应一个 ACK（ACK=y+1）报文，进入 Established 状态。

·三次握手完成，TCP 客户端和服务器端成功地建立连接，可以开始传输数据了，如图 1-28 所示。

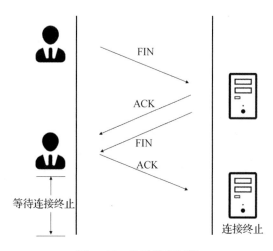

图 1-28　传输数据过程

数据传输完成后，便是释放连接的过程，该过程被称为四次挥手，如图1-29所示。

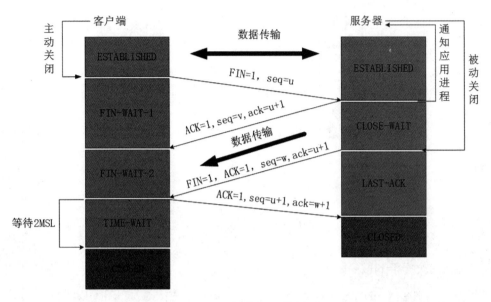

图1-29 四次挥手工作原理

TCP四次挥手的过程如下：

·首先由客户端（或服务器，只需要互换一下角色）开始发出连接释放报文，并且停止发送数据。释放数据报文首部，FIN=1，其序列号为seq=u（等于前面已经传送过来的数据的最后一个字节的序号加1），此时，客户端进入FIN-WAIT-1(终止等待1)状态。TCP规定，FIN报文段即使不携带数据，也要消耗一个序号。

·服务器收到连接释放报文，发出确认报文，ACK=1，ack=u+1，并且带上自己的序列号seq=v，此时服务端就进入了CLOSE-WAIT（关闭等待）状态。TCP服务器通知高层的应用进程，客户端向服务器的方向就释放了，这时候处于半关闭状态，即客户端已经没有数据要发送了，但是服务器若发送数据，客户端依然要接收。这个状态还要持续一段时间，也就是整个CLOSE-WAIT状态持续的时间。

·客户端收到服务器的确认请求后，此时，客户端就进入FIN-WAIT-2（终止等待2）状态，等待服务器发送连接释放报文（在这之前还需要接收服务器发送的最后数据）。

·服务器将最后的数据发送完毕后，就向客户端发送连接释放报文，FIN=1，

ack=u+1，由于在半关闭状态，服务器很可能又发送了一些数据。假定此时的序列号为 seq=w，此时，服务器就进入了 LAST-ACK（最后确认）状态，等待客户端的确认。

・客户端收到服务器的连接释放报文后，必须发出确认，ACK=1，ack=w+1，而自己的序列号是 seq=u+1，此时，客户端就进入了 TIME-WAIT（时间等待）状态。注意此时 TCP 连接还没有释放，必须经过 2MSL（最长报文段寿命）的时间，当客户端撤销相应的 TCB 后，才进入 CLOSED 状态。

・服务器只要收到了客户端发出的确认，立即进入 CLOSED 状态。同样，撤销TCB 后，就结束了这次的 TCP 连接。可以看到，服务器结束 TCP 连接的时间要比客户端早一些。

（3）路由配置需要用的命令。

使用 console 线连接路由器的 console 端口，另一端连接计算机的串口，即可进入路由器的配置终端。

・进入高速端口：

```
Router(config)#interface gigabitEthernet + 要开启的端口
```

・为端口设置 ip 地址：

```
Router(config-if)#ip address + ip 地址 + 子网掩码
```

・开启端口：

```
Router(config-if)#no shutdown
```

・为路由器配置静态路由：

```
Router(config)#ip route + 网段 + 子网掩码 + 下一跳地址
```

・删除静态路由：

```
Router(config)#no ip route + 网段 + 子网掩码 + 下一跳地址
```

・启用 rip 协议：

```
Router(config)#router rip
```

- 选择 rip 版本：

Router(config-router)#version + 版本

- 选择直连网段：

Router(config-router)#net + 直连网段

- 查看当前设备上当前状态下所有接口的 ip 简单配置信息：

Router#show ip interface brief

- 查看路由表信息：

Router#show ip route

（4）路由重封。

路由器转发数据包的封装过程被称为路由重封，路由重封的过程如图 1-30 所示。

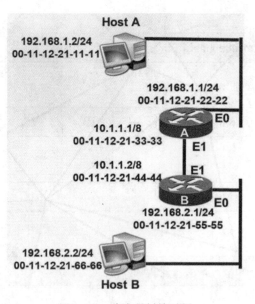

图 1-30　路由重封的过程

- HOST A 把上层报文封装成 IP 数据包，发送给 HOST B，通过子网掩码和 IP 地址，发现不在同一个网段，只能通过路由转发。
- HOST A 通过 ARP 请求得到 E0 口的 MAC 地址，并且把数据转发给路由器

A，源 MAC 就是 HOST A 的 MAC，目标是 E0 的 MAC。

·路由器 A 得到这个数据以后，把数据链路层的封装去掉，然后通过下一跳地址把数据包转发给 E1。

·E1 口接收路由器 A 重新封装数据帧，这时候源 MAC 地址为 RAE1 的，目标位 RBE1。

·路由器 B 接收到数据帧之后把数据链路层封装同样去掉，对目标 IP 查找，并且匹配路由条目，根据下一条地址到 RBE0 接口。然后 RBE0 发现自己与 HOST B 是直连的，通过 ARP 广播获得目标 MAC 地址，路由器 B 再将 IP 数据包封装成数据帧传给 HOST B，此时源 MAC 是 E0、目标是 HOST B。

（5）路由认证。

在路由器工作的过程中，需要进行很多次的认证，以保障路由器的正常运行和网络的畅通，路由器主要使用其中的两种认证方式：

·PAP 认证过程：非常简单，是二次握手机制，PAP 认证协议。

·CHAP 认证过程：比较复杂，是三次握手机制，CHAP 认证协议。

（6）系统服务。

VLAN（虚拟局域网）是根据用户访问需求划分的网络分段，也是对连接到第二层交换端口的网络用户的逻辑分段，并且不受用户或机器真实位置的制约。一个 VLAN 可以在一个交换机或者跨交换机实现，VLAN 可以根据网络用户的位置、作用、部门或者根据网络用户所使用的应用程序和协议来进行分组，基于交换机的虚拟局域网能够为局域网解决冲突域、广播域、带宽等问题。

在实际的企业工作环境中，有多台交换机共同作用提供通信服务，每台交换机上都会根据自身部门需要划分独立的 VLAN。为了让处于不同交换机上的 VLAN 之间能够通信，需要使用中继（VLAN Trunk）。中继的作用是让不同交换机上相同 ID 的 VLAN 相互通信，传输信息前加个特殊的标识，把标识通知通信的对方。

（7）三层交换原理。

如图 1-31 所示，三层交换机划分了两个 VLAN，机器 A 和机器 B 之间的通信在一个 VLAN 内完成，对交换机而言是二层数据流；机器 A 和机器 C 之间的通信需要跨越 VLAN，是三层的数据流。具体到微观的角度来讲，一个报文从端口进入后，交换机设备是如何区分二层报文还是三层报文的呢？从机器 A 到机器 B 的报文由于在同一个 VLAN 的内部，报文的目的 MAC 地址将是机器 B 的 MAC 地址，而从机器 A 到机器 C 的报文，要跨越 VLAN，报文的目的 MAC 地址是设备虚接口 VLAN1 上的 MAC 地址。因此交换机区分二三层报文的标准就是看报文的目的 MAC 地址是否等于交换机虚接口上的 MAC 地址。

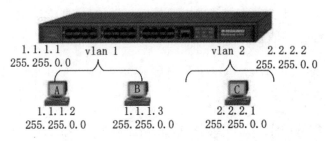

图 1-31　三层交换原理

（三）配置网络 IP 对接服务器

1. IP 地址的格式

每台主机在 Internet 上都有一个唯一的地址，以此作为该主机唯一标识，称为 IP 地址。主机传输数据包过程中，要包含一个发出源 IP 地址和一个目标 IP 地址。

IP 地址由 32 位二进制数组成，如下所示：

11000000.10101000.00001110.11110001

由于二进制的可读性差，程序人员习惯把 32 位的如上面所示的二进制数分为 4 段，每段 8 位，中间用 "." 分隔。然后每段再转为十进制数，又称点分十进制。上面的 IP 地址转化为：192.168.14.241，大大增加了可读性。

2. IP 地址分类与子网掩码

不同主机之间的通信，为了区分是否在同一网段内，要借助子网掩码，子网掩码与 IP 地址一样，也是由 32 位二进制数组成，网络部分用 1 表示，主机部分用 0 表示。在分配网络中的 IP 地址时，也一并分配子网掩码，对应的 A、B、C 类地址对应的子网掩码如下：

A 类地址默认的子网掩码为 255.0.0.0。

B 类地址默认的子网掩码为 255.255.0.0。

C 类地址默认的子网掩码为 255.255.255.0。

IANA（the internet assigned numbers authority，互联网数字分配机构）根据网络号将网络分类为 A、B、C 及特殊地址 D、E。全 0 和全 1 保留不用。

A 类：（1.0.0.0-126.0.0.0）（默认子网掩码：255.0.0.0 或 0xFF000000）第一个字节为网络号，后三字节为主机号。该类 IP 地址的最前面为"0"，所以地址的网络号取值于 1~126 之间。一般用于大型网络，可分配的 IP 数量为 $2^{24}-2$。

B 类：（128.0.0.0-191.255.0.0）（默认子网掩码：255.255.0.0 或 0xFFFF0000）前两个字节为网络号，后两个字节为主机号。该类 IP 地址的最前面为"10"，所以地址的网络号取值于 128~191 之间，一般用于中等规模网络，可以分配的 IP 数量为 $2^{16}-2$。

C 类：（192.0.0.0-223.255.255.0）（子网掩码：255.255.255.0）前三个字节为网络号，最后一个字节为主机号。该类 IP 地址的最前面为"110"，所以地址的网络号取值于 192~223 之间，一般用于小型网络。

D 类：是多播地址。该类 IP 地址的最前面为"1110"，所以地址的网络号取值于 224~239 之间，一般用于多路广播用户。

E 类：是保留地址。该类 IP 地址的最前面为"1111"，所以地址的网络号取值于 240~255 之间。

A、B、C 三种主要类型里，各保留了三个区域作为私有地址，其地址范围如下：

A 类地址为 10.0.0.0 ~ 10.255.255.255。

B 类地址为 172.16.0.0 ~ 172.31.255.255。

C 类地址为 192.168.0.0 ~ 192.168.255.255。

用 IP 地址和子网掩码作"与"运算，所得结果就是 IP 地址的网络地址，例如：

11000000. 10101000. 00001110.11110001　　IP 地址

11111111. 11111111. 11111111.00000000　　子网掩码

11000000. 10101000. 00001110.00000000　　二进制

192　　　　168　　　　24　　　　0　　　　十进制

据此判断不同的 IP 地址是否在同一网段范围了。

使用 vi 或者 vim 编辑器编辑网卡配置文件 /etc/sysconfig/network-scripts/ifcft-eth0（如果是 eth1 文件名为 ifcft-eth1），内容如下：

```
DEVICE=eth0
HWADDR=00:0C:29:06:37:BA
TYPE=Ethernet
UUID=0eea1820-1fe8-4a80-a6f0-39b3d314f8da
ONBOOT=yes
NM_CONTROLLED=yes
BOOTPROTO=static
IPADDR=192.168.147.130
NETMASK=255.255.255.0
GATEWAY=192.168.147.2
DNS1=192.168.147.2
DNS2=8.8.8.8
```

重启网络服务：

```
[root@newland ~]# service network restart
```

思考题

1. 机房中的主要设备有哪些？各充当什么角色？

2. 服务器上有哪些常见的接口？

3. 除星型拓扑结构和网型拓扑结构以外，还有哪些拓扑结构？

4. 请简述 OSI 模型与 TCP/IP 模型各层的功能。

5. 二进制 IP 地址与十进制 IP 地址如何转换？

6. 请简述网络传输从建立连接到连接释放的过程。

第二章
大数据服务器系统搭建与应用

服务器系统通常指的是安装在服务器硬件之上的操作系统，作为大数据系统的软件基础平台。相比个人计算机上的桌面操作系统，或是安装于移动设备的嵌入式操作系统，服务器操作系统作为大数据软件系统的核心支撑，需要提供额外的管理、配置、稳定、安全等维度的能力。本章要求掌握基于硬件系统规划服务器系统部署方案，并通过脚本自动化部署，完成高可用及容灾配置，将各大数据组件联通。

- **职业功能：** 大数据底层的服务器系统的配置及管理。
- **工作内容：** 部署 Linux 系统作为服务器系统；针对系统的安装、调试、网络配置、系统安全、资源监控等工作内容，完成对服务器系统的操作及使用。
- **专业能力要求：** 能根据应用需求，制订系统部署方案；能根据性能需求，对各运行系统进行配置和调优；能根据软件部署方案，编写自动化部署脚本，并完成部署；能根据集群组件进行高可用及容灾配置；能根据集群功能对各组件进行联通调试。
- **相关知识要求：** 云计算及虚拟化知识；自动化脚本开发知识；集群配置知识；集群高可用及容灾知识。

第一节　系统安装与调试

从数据处理的一般流程可以看到，在大数据环境下需要的关键技术主要针对海量数据的存储和海量数据的运算。传统的关系数据库不能胜任大数据收集、存储、处理、分析、管理的要求，要处理爆炸式增长的数据所需的机器日益增多，这对运维人员是极大的挑战。搭建大数据环境，首先要从操作系统入手。

一、Linux 系统操作方式

Linux 是一款广泛应用在服务器上的操作系统，其特点是安全、免费开源、稳定、快速、多用户。多用户指一个用户的操作完全不会影响到其他用户的操作。由于 Linux 多用户的特点，Linux 操作系统广泛应用于服务器。

Linux 几种常见的发行版本各有特点，如商业版本 RedHat 十分稳定、好用，但是需要付费。Centos 版本虽然不太稳定，但功能全面且免费。Ubuntu 版本拥有图形化界面，方便操作，PC 针对 Ubuntu 软件较多。

本教程均以 Centos7 为操作系统为例进行项目实战。

（一）Linux 命令

Linux 命令是用于实现某一类功能的指令或程序，这些指令或程序的执行信赖于解释程序（如 /bin/bash）。Linux 命令分为内部命令和外部命令，内部命令属于 shell 解释器的一部分，而外部命令属于独立于 shell 解释器的程序。

例如，内部命令 help 查看 CD 命令。

[root@newland ~]# help cd
cd: cd [-L|[-P [-e]]] [dir]

可以使用 man 命令查看手册，结果如图 2-1 所示。

[root@newland ~]# man ls

```
LS(1)                          User Commands                         LS(1)
NAME
       ls - list directory contents
SYNOPSIS
       ls [OPTION]... [FILE]...
DESCRIPTION
       List information about the FILEs (the current directory by default).  Sort entries alphabetically if none
       of -cftuvSUX nor --sort is specified.
```

图 2-1 命令手册

（二）Linux 常用命令

Linux 常用命令有 ls、cd、du、mkdir、touch、cp、rm、mv、which、find、whoami、vi，这些命令在日常操作中经常用到，所以要加以练习并掌握。

例如，查看文件或命令占用磁盘空间命令 du。

[root@newland ~]# du -a	
4	./.bash_logout
4	./.bash_profile
4	./.bashrc
4	./.cshrc
4	./.tcshrc
4	./anaconda-ks.cfg
4	./.dbus/session-bus/9f0b5aee3ab74a8097bdf162280d5e8f-9
4	./.dbus/session-bus/9f0b5aee3ab74a8097bdf162280d5e8f-0
8	./.dbus/session-bus
8	./.dbus

（三）shell 编程

Shell 脚本由脚本声明、注释信息、执行语句或命令组成。可以通过查看系统脚本命令的方式来检查 shell 文件的组成。例如：

> [root@newland ~]# more /etc/sysconfig/network-scripts/ifup

可以看到，脚本文件第一行"#!/bin/bash"为脚本声明，接下来的一系列#开头的内容就是注释信息，"unset WINDOW # defined by screen, conflicts with our usage"此行为执行命令，如图 2-2 所示。

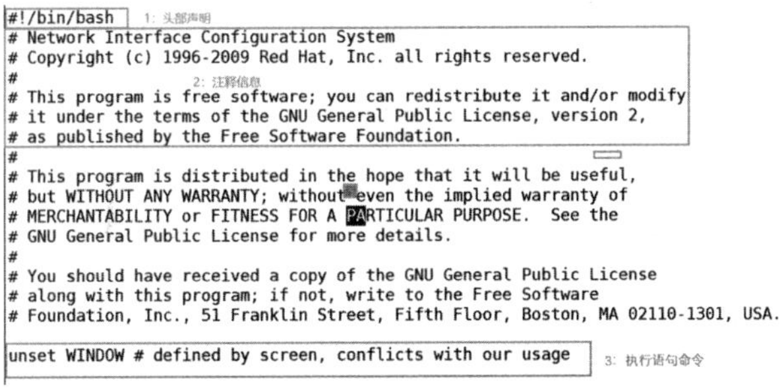

图 2-2　Shell 文件的组成

（四）shell 编程实例

> [root@newland ~]# vi myshell.sh
>
> #!/bin/bash
>
> # 这是我的第一个 shell-script
>
> #date:2021-01-22
>
> #author:newland
>
> # 输出当前目录并查找以 vml 开头的文件
>
> cd /boot
>
> echo " 当前的目录绝对路径： "
>
> pwd
>
> echo " 查找所有以 vm 开头的匹配文件： "
>
> ls -lh vm*

运行 myshell.sh。

[root@newland ~]# sh myshell.sh
当前的目录绝对路径：
/boot
查找所有以 vm 开头的匹配文件：
-rwxr-xr-x. 1 root root 6.4M Jul 11 2019 vmlinuz-0-rescue-9f0b5aee3ab74a8097bdf162280d5e8f
-rwxr-xr-x. 1 root root 6.4M Nov 9 2019 vmlinuz-3.10.0-957.el7.x86_64

二、Linux 系统基本网络配置

（一）使用命令配置网络信息

1. 用 ifconfig 命令来查看网络接口配置信息

[root@newland ~]# ifconfig
lo   Link encap:Local Loopback
inet addr:127.0.0.1 Mask:255.0.0.0
inet6 addr: : :1/128 Scope:Host
UP LOOPBACK RUNNING MTU：16436 Metric：1
RX packets：4 errors：0 dropped：0 overruns：0 frame：0
TX packets：4 errors：0 dropped：0 overruns：0 carrier：0
collisions：0 txqueuelen：0
RX bytes：272 (272.0 b) TX bytes：(272.0 b)

2. 配置网卡

[root@newland ~]# vi /etc/sysconfig/network-scripts/ifcfg-eth0
DEUICE=eth0
HWADDR=00:0C:29:4E:28:1A

```
TYPE=Ethernet
UUID=d6c7w0664-fe60-47f1-92ee-ca5c4ad723ad
ONBOOT=yes
NM_CONTROLLED=yes
BOOTPROTO=ahcp
```

重启网络服务（修改网卡配置，需要重启网络服务）：

```
[root@newland ~]# service network restart
```

根据公司网络设置的网络段来设置网络，并测试外部联通情况：

```
[root@newland ~]# ping www.baidu.com
PING www.wshifen.com (103.235.46.39) 56(84) bytes of data.
64 bytes from 103.235.46.39 (103.235.46.39): icmp_seq=1 ttl=44 time=446 ms
c64 bytes from 103.235.46.39 (103.235.46.39): icmp_seq=2 ttl=44 time=448 ms
64 bytes from 103.235.46.39 (103.235.46.39): icmp_seq=3 ttl=44 time=461 ms
c64 bytes from 103.235.46.39 (103.235.46.39): icmp_seq=5 ttl=44 time=475 ms
```

3. 修改主机与 ip 对应关系

修改主机名称：

```
[root@newland /]# vi /etc/hostname
master
```

修改主机与 ip 对应关系（共三台机器，一台 master，两台机器作为 slave 节点，对应的 ip 如下）：

```
[root@newland /]# vi /etc/hosts
127.0.0.1    localhost localhost.localdomin localhost4 localhost4.localdomin4 newland newland.novalocalww
::1          localhost localhost.localdomin localhost6 localhost6.localdomin6
```

```
192.168.133.138 master

192.168.133.137 slave1

192.168.133.136 slave2
```

重新查看主机名：

```
[root@newland /]# cat /etc/hostname
master
```

（二）使用命令配置防火墙信息

在进行远程连接及集群搭建时，需要关闭系统的防火墙，防火墙的关闭分为两个步骤，关闭和禁止运行，关闭防火墙和禁止防火墙服务器的命令如下。

关闭运行的防火墙：

```
[root@master /]# systemctl stop firewalld.service
```

禁止防火墙服务器：

```
[root@master /]# systemctl disable firewalld.service
```

关闭之后，可以使用命令查看防火墙的状态：

```
[root@master /]# systemctl status firewalld.service
firewalld.service - firewalld - dynamic firewall daemon
Loaded: loaded (/user/lib/systemd/system/firewall.service; disabled; vendor preset: enabled)
Active: inactive (dead)
  Docs: man:firewalld(1)
```

（三）使用命令配置同步系统时间

同步时间需要使用NTP（网络时间协议），同时需要设定当前的时区为东八区，可以使用上海作为当前时区的标准时间。

```
[root@master /]# cp /usr/share/zoneinfo/Asia/Shanghai /etc/localtime
```

接着，使用 Yum（下一节中详细介绍）安装 NTP，同时同步时间，对三台机器均如此操作：

```
[root@master /]# yum install ntp
[root@master /]# ntpdate pool.ntp.org
```

第二节　系统依赖环境管理

Yum（yellow dog updater modified）是一个 shell 前端软件包管理器，基于 RPM（Red-Hat Package Manager，红帽软件包管理器）包管理，能从指定的服务器自动下载 RPM 包并安装，可自动处理依赖关系，并一次安装所有依赖的软件包。

一、Yum 仓库的使用方法

Yum 仓库就是使用 yum 命令下载软件的镜像地址。可使用 tree 命令查看环境资源：

```
[root@master /]# yum install -y tree
[root@master /]# cd /etc/yum.repos.d
[root@master yum.repos.d]# tree
.
├── CentOS-Base.repo
```

```
├── CentOS-CR.repo
├── CentOS-Debuginfo.repo
├── CentOS-fasttrack.repo
├── CentOS-Media.repo
├── CentOS-Sources.repo
├── CentOS-Vault.repo
├── epel.repo
└── epel-testing.repo

0 directories, 9 files
```

我们通常使用 yum install 命令来在线安装 Linux 系统的软件，这种方式可以自动处理依赖性关系，并且一次安装所有依赖的软件包。众所周知，从国外下载软件速度非常慢，很多情况下都无法下载。国内一些大公司做镜像同步国外的软件，可使用国内的下载地址下载需要的软件。

按如下步骤搭建本地 Yum 源仓库。

（一）创建目录：在根目录下创建一个名字为 mytools 的目录

```
[root@master /]# mkdir /mytools
```

将光盘挂载到创建的这个目录上。

（二）修改配置文件

Yum 的配置文件分为两部分，main 和 repository，main 中定义了全局配置，整个 Yum 配置文件应该只有一个 main，常位于 /etc/yum.conf 中。repository 部分定义了每个源 / 服务器的具体配置，可以有一到多个，常位于 /etc/yum.repos.d 目录下的各文件中。我们需要修改 yum.repo.d 下的 CentOS-Media.repo 文档。

```
[root@master yum.repos.d]# ls
```

CentOS-Base.repo   CentOS-Debuginfo.repo   CentOS-Media.repo   CentOS-Vault.repo   epel-testing.repo

CentOS-CR.repo   CentOS-fasttrack.repo   CentOS-Sources.repo   epel.repo

[root@master yum.repos.d]# vi CentOS-Media.repo

[c7-media]
name-CentOS=$releasever - Media
baseurl=file:///media/CentOS/
　　　　file:///media/cdrom/
　　　　file:///media/cdrecorder/
gpgcheck=1
enabled=0
gpgkey=file:///etc/pki/rpm-gpg/RPM-GPG-KEY-CentOS-7

其中"baseurl=file：///****"即为光盘挂载的目录。

（三）查看 yum 列表

[root@master yum.repos.d]# yum list　　　　# 查看 yum 仓库里的所有软件
[root@master yum.repos.d]# yum grouplist　　# 列出 yum 仓库里的软件组列表

二、大数据开发环境所需依赖

在 Linux 环境下，我们可以使用远程传输工具（如 Xshell、MobaXterm_CHS 等软件）上传 Hadoop 源码包，使用 Xshell 上传文件，将文件拖拽至相应终端，即可传输，如图 2-3 所示。

图 2-3　查看上传结果

进入 /home/newland/pkg 目录下，解压 hadoop 的源码安装包。

[root@master pkg]# ls
hadoop-2.7.2-src.tar.gz
[root@master pkg]# tar -zxf hadoop-2.7.2-src.tar.gz
[root@master pkg]# ls
hadoop-2.7.2-src hadoop-2.7.2-src.tar.gz
解压源码包后，进入 hadoop 目录，并显示此目录下所有文件：   [root@master pkg]# cd hadoop-2.7.2-src/   [root@master hadoop-2.7.2-src]# ls

BUILDING.txt   hadoop-common-project   hadoop-maven-plugins   hadoop-tools   pom.xml
   dev-support   hadoop-dist   hadoop-minicluster hadoop-yarn-project   README.txt
   hadoop-assemblies hadoop-hdfs-project   hadoop-project   LICENSE.txt
   hadoop-client   hadoop-mapreduce-project   hadoop-project-dist   NOTICE.txt

查看 BUILDING.txt 文件，此文件会列出所需信赖如下：

[root@master hadoop-2.7.2-src]# more BUILDING.txt
Build instructions for Hadoop

Requirements:
* Unix System
* JDK 1.7+

* Maven 3.0 or later

* Findbugs1.3.9(if running findbugs)

* ProtocolBuffer 2.5.0

* CMake 2.6 or newer (if compiling native code),must be 3.0 or newer on Mac

* Zlib devel (if compiling native code)

* openssl devel (if compiling native hadoop-pipes and to get the best HDFS encryption performance)

* Jansson C XML parsing library(if compiling libwebhdfs)

* linux FUSE (Filesystem in Userspace) version 2.6 or above (if compiling fuse_dfs)

* Internet connection for first build (to fetch all Maven and Hadoop dependencies)

我们可以看到，上面所列出的内容基本都是 Hadoop 所需的信赖项。我们可以通过 yum 来安装相关的信赖包或工具。

（一）安装并配置 jdk

从 Hadoop2.7.2 的源码包信赖信息可以看到，必须安装 JDK1.7+ 以上版本软件，本教程采用 jdk-8u121-linux-x64 位版本。

1. 上传 JDK 并解压通过 –C 解压到指定目录

[root@master pkg]# ls
hadoop-2.7.2-src.tar.gz jdk-8u121-linux-x64.tar.gz
[root@master pkg]# tar -zxf jdk-8u121-linux-x64.tar.gz -C ../soft/
[root@master pkg]# cd ../soft/
[root@master soft]# ls
jdk1.8.0_121

2. 配置环境变量（注：全局文件可以对所有用户生效）

编辑配置文件 /etc/profile，在文件的末尾追加 JAVA_HOME 的地址，以及在 PATH 路径中使用 ":" 追加 java 安装地址下的 bin 目录，注意使用的账号权限需与使用者权限对应。

```
[root@master jdk1.8.0_121]# vi /etc/profile
```

```
# 输入如下内容:
export JAVA_HOME=/home/newland/soft/jdk1.8.0_121
export PATH=$PATH:$JAVA_HOME/bin
```

编辑后使用 source 命令刷新文件。

```
[root@master jdk1.8.0_121]# source /etc/profile
```

测试 Java 环境是否生效,可以使用 java –version 命令查看。如果显示的 Java 版本号与当前配置版本号一致,则安装完成。

```
[root@master jdk1.8.0_121]# java -version
java version "1.8.0_121"
Java (TM)  SE Runtime Environment (build 1.8.0_121-b13)
Java HotSpot(TM)  64-bit Server VM (build 25.121-b13, mixed mode)
```

（二）依次配置 maven、findbugs、protobuf

1. 上传 maven3.6.1 安装包

解压到 soft 文件中并配置环境变量。

```
[root@master pkg]# ls
apache-maven-3.6.1-bin.tar.gz
[root@master pkg]# tar -zxf apache-maven-3.6.1-bin.tar.gz -C ../soft/
[root@master pkg]# cd ../soft
[root@master soft]# ls
apache-maven-3.6.1
```

配置环境变量（/etc/profile）是在原有文件的末尾添加 MAVEN_HOME,在 PATH 路径后再追加 MAVEN_HOME 下的 bin 目录,结果如图 2-4 所示。

```
export JAVA_HOME=/home/newland/soft/jdk1.8.0_121
export MAVEN_HOME=/home/newland/soft/apache-maven-3.6.1
export PATH=$PATH:$JAVA_HOME/bin:$MAVEN_HOME/bin
```

图 2-4 查看配置路径结果

刷新配置文件，使用变量生效，并使用 mvn –v 命令，查看 maven 版本的方式测试是否安装成功：

[root@master apache-maven-3.6.1]# source /etc/profile
[root@master apache-maven-3.6.1]# mvn -v
Apache Maven 3.6.1 (d66c9c0b3152b2e69ee9bac180bb8fcc8e6af555; 2019-04-05T03:00:29+08:00)
Maven home: /home/newland/soft/apache-maven-3.6.1
Java version: 1.8.0_121, vendor: Oracle Corporation,runtime: /home/newland/soft/jdk1.8.0_121/jre
Default locale: en_US, platform encoding: UTF-8
OS name: "linux",version:"3.10.0-957.el7.x86 64", arch: "zmd64",family: "unix"

2. 按同样的方式配置 findbugs

findbugs 是代码检查工具，解压后将其路径添加到环境变量文件中，如图 2-5 所示。

```
export JAVA_HOME=/home/newland/soft/jdk1.8.0_121
export MAVEN_HOME=/home/newland/soft/apache-maven-3.6.1
export FINDBUGS_HOME=/home/newland/soft/findbugs-3.0.1
export PATH=$PATH:$JAVA_HOME/bin:$MAVEN_HOME/bin:$FINDBUGS_HOME/bin
```

图 2-5 配置 findbugs

测试环境：

[root@master softwares]# findbugs -version
3.0.1

3. 安装配置 protobuf

protobuf 是协议数据交换格式工具库，解压后进入到文件夹中，如图 2-6 所示。

```
[root@master protobuf-3.1.0]# ls
aclocal.m4       compile        CONTRIBUTORS.txt              install-sh    objectivec            test-driver
ar-lib           config.guess   depcomp                       LICENSE       protobuf.bzl          update_file_lists.sh
autogen.sh       config.h.in    editors                       ltmain.sh     protobuf-lite.pc.in   util
benchmarks       config.sub     examples                      m4            protobuf.pc.in        WORKSPACE
BUILD            configure      generate_descriptor_proto.sh  Makefile.am   README.md
CHANGES.txt      configure.ac   gmock                         Makefile.in   six.BUILD
cmake            conformance    gmock.BUILD                   missing       src
```

图 2-6 配置 protobuf

安装之前可以先执行安装检查命令，查看安装需求。

[root@master protobuf-3.1.0]# ./configure

根据最后结果中显示 no 的部分安装系统依赖，以免安装过程中出现问题。

[root@master soft]# yum -y install automake libtool cmake ncurses_devel openssl-devel lzo-devel zlib-devel gcc gcc-c+

操作完毕，直到出现 Complete。过程中可能会出现多次需要输入 Y 或 yes 的确认安装操作。安装好依赖后，重新检查命令。执行完检查程序后，以前 no 的地方全部替换成了 yes，表示相关信赖安装完毕。接下来便可执行下列安装命令：

[root@master soft]# make install

等待安装完成，出现如下结果：

make[3]: Leaving directory '/home/newland/soft/protobuf-3.1.0/src'

make[2]: Leaving directory '/home/newland/soft/protobuf-3.1.0/src'

make[1]: Leaving directory '/home/newland/soft/protobuf-3.1.0/src'

三、项目编译及安装方法

Hadoop 的安装包分为 src 版本和 binary 版本，binary 版本可以下载解压后就使用，如上面所解压的就是 binary 版本。binary 版本面向普通开发人员使用，而 src 版本面向高级开发人员使用，需要编译。可以登录 Hadoop 官网下载 Hadoop 源码。

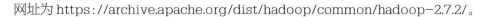

网址为 https://archive.apache.org/dist/hadoop/common/hadoop-2.7.2/。

下载后需要编译，执行编译命令：

[root@master soft]# mvn clean package -Pdist,native,docs -DskipTests -Dtar

编译完成后，在 hadoop-dist/target/ 目录下查看，会有 hadoop-2.7.2.tar.gz 这个文件，便是 binary 版本的 Hadoop。

第三节　系统资源监控

一、所需监控的资源范围

top 命令可以实时显示进程的状态。默认状态显示的是 CPU 密集型的进程，并且每 5 秒钟更新一次。可以通过 PID 的数字大小，age（newest first），time（cumulative time），resident memory usage（常驻内存使用）以及进程启动后占用 cpu 的时间观察进程详细信息，如图 2-7 所示。

[root@master soft]# top

如果管理员想提高某个进程的优先级，可以通过 renice 命令。如果想终止某个进程占用太多的 CPU 资源，可以通过 kill 命令。

top 显示出现的每个列的含义分别为：

·PID：进程描述符。

图 2-7 查看系统进程

- USER：进程的拥有者。
- PR(PRI)：进程的优先级，也就是程序被 CPU 执行的先后顺序，此值越小进程的优先级别越高。PRI 值越小越快被执行，与 nice 值结合后，将会使得 PRI 变为：PRI(new)=PRI(old)+nice。由此看出，PR 是根据 NI 排序的，规则是 NI 越小 PR 越前（小，优先权更大），即其优先级会变高，则其越快被执行。如果 NI 相同则进程 uid 是 root 的优先权更大。
- NI(nice level)：nice 值，负值表示高优先级，正值表示低优先级，值为零则表示不会调整该进程的优先级。具有最高优先级的程序，其 nice 值最低，所以在 Linux 系统中，nice 值为 -20，则表示任务变得非常重要；与之相反，如果任务的 nice 值为 +19，则表示它是一个高尚的、无私的任务，允许所有其他任务比自己享有宝贵的 CPU 时间的更大使用份额，这也就是 nice 的名称的来意。
- VIRT（virtul memory usage）：进程需要的虚拟内存大小。
- RES（resident memory usage）：常驻内存。
- SHR：和其他进程共享的物理内存空间，单位 kb。
- STAT：进程的状态，有 S=sleeping，R=running，T=stopped or traced，D=interruptible sleep（不可中断的睡眠状态），Z=zombie。
- %CPU：CPU 的使用率。
- %MEM：物理内存的使用率。
- TIME：进程占用的 CPU 时间总计。

· COMMAND：进程的命令。

二、监控资源的方式

Zabbix 是一个基于 Web 界面的，提供分布式系统监控以及网络监控功能的企业级的开源解决方案。Zabbix 能监控各种网络参数，保证服务器系统的安全运营；并提供灵活的通知机制让系统管理员快速定位并解决存在的各种问题。Zabbix 由两部分构成，即 zabbix server 与可选组件 zabbix agent。zabbix server 可以通过端口监控等方法提供对远程服务器或网络状态的监控，数据收集等功能，它可以运行在 Linux，Solaris，HP-UX，AIX，Free BSD，Open BSD，OS X 等平台上。

（一）安装环境

1. 安装 apache 服务器

```
[root@master /]# yum install -y httpd
```

2. httpd 服务开机进行自启

```
[root@master /]# systemctl enable httpd
```

3. 启动 httpd 服务

```
[root@master /]# systemctl start httpd
```

（二）安装 Zabbix

1. 下载

```
[root@master /]# rpm -ivh http://repo.zabbix.com/zabbix/3.4/rhel/7/x86_64/zabbix-release-3.4-2.el7.noarch.rpm
```

2. 安装

```
[root@master /]# yum install -y zabbix-server-mysql zabbix-get zabbix-web zabbix-web-mysql zabbix-agent zabbix-sender
```

3. 配置

在 MySQL 中创建一个 Zabbix 库，并设置为 utf8 的字符编码格式，MySQL 的安装详见第三章第二节。

```
mysql > create database zabbix character set utf8 collate utf8_bin;
```

创建账户并且授权设置密码。

```
mysql > grant all privileges on zabbix.* to zabbix@localhost identified by 'zabbix';
```

刷新权限。

```
mysql > flush privileges;
```

导入 Zabbix 数据。

```
[root@master /]# zcat /usr/share/doc/zabbix-server-mysql-3.4.15/create.sql.gz | mysql -uzabbix -pzabbix zabbix
```

4. 修改时区

```
[root@master /]# vim /etc/php.ini
data.timezone = Asia/Shanghai
```

5. 启动 Zabbix

```
[root@master /]# systemctl start zabbix-server
[root@master /]# systemctl start httpd
```

6. 登录

输入网址 http://IP 地址 /zabbix，账号密码均为 zabbix，如图 2-8 所示。

图 2-8　zabbix 登录界面

登录成功后，点击监测中，对服务器自身进行监控，如图 2-9 所示。

图 2-9 zabbix 监控界面

三、管理资源的方法

管理资源最直接的方式是使用命令关闭进程、服务或接口。可以通过命令查看服务列表状态：

[root@master system]# systemctl list-units --type=service			
UNIT	LOAD	ACTIVE	SUB	DESCRIPTION
abrt-ccpp.service	loaded	active	exited	Inatsll ABRT coredump hook
abrt-oops.service	loaded	active	running	ABRT kernel log watcher
abrt-xorg.service	loaded	active	running	ABRT Xorg log watcher
abrtd.service	loaded	active	running	ABRT Automated Bug
accounts-daemon.service	loaded	active	running	Accounts Service
alse-state.service	loaded	active	running	Manage Sound Card State
atd.service	loaded	active	running	Job spooling tools
auditd.service	loaded	active	running	Security Auditing Service

avahi-daemon.service	loaded	active	running	Avahi mDNS/DNS-SD Stack
blk-availavility.service	loaded	active	exited	Availability of block devices
chronyd.service	loaded	active	running	NTP client/server
colord.service	loaded	active	running	Manage, Install and Generate
crond.service	loaded	active	running	Commend Scheduler
cups.service	loaded	active	running	CUPS Printing Service
dbus.service	loaded	active	running	D-Bus System Message Bus
firewalld.service	loaded	active	running	firewalld - dynamic firewall
gdm.service	loaded	active	running	GNOME Display Manager

列出所有已经安装的服务及状态：

[root@master /]# systemctl list-unit-files

UNIT FILE	STATE
proc-sys-fs-binfmt_misc.automount	static
dev-hugepages.mount	static
dev-mqueue.mount	static
proc-fs-nfsd.mount	static
proc-sys-fs-binfmt_misc.mount	static
sys-fs-fuse-connections.mount	static
sys-kernel-config.mount	static
sys-kernel-debug.mount	static
tmp.mount	disabled
var-lib-nfs-rpc_pipefs.mount	static
brandbot.path	disabled
cups.path	enabled
systemd-ask-password-console.path	static
systemd-ask-password-plymouth.path	static

systemd-ask-password--wall.path	static
session-459.scope	static
session-464.scope	static
session-c1.scope	static
avrt-ccpp.service	enabled

以树形列出正在运行的进程，它可以递归显示控制组内容：

```
[root@master /]# systemd-cgls
├─1 /usr/lib/systemd/systemd --switched-root --system --deserialize 22
├─user.slice
│ ├─user-0.slice
│ │ ├─session-464.scope
│ │ │ ├─6543 systemd-cgls
│ │ │ ├─6544 less
│ │ │ ├─21312 sshd: root@pts/1
│ │ │ └─21318 -bash
│ │ └─session-459.scope
│ │   ├─20724 sshd: root@pts/0
│ │   └─20730 -bash
│ └─user-42.slice
│   └─session-c1.scope
│     ├─10152 gdm-session-worker [pam/gdm-lauch-environment]
```

启动一个服务：

```
[root@master /]# systemctl start postfix.service
```

停止一个服务：

```
[root@master /]# systemctl stop postfix.service
```

重启一个服务：

[root@master /]# systemctl restart postfix.service

显示一个服务的状态：

[root@master /]# systemctl status postfix.service

在开机时启用一个服务：

[root@master /]# systemctl enable postfix.service

在开机时禁用一个服务：

[root@master /]# systemctl disable postfix.service

查看服务是否开机启动：

[root@master /]# systemctl is-enabled postfix.service

查看已启动的服务列表：

[root@master /]# systemctl list-unit-files | grep enabled

查看启动失败的服务列表：

[root@master /]# systemctl --failed

思考题

1. 请列举 shell 的种类及特点。

2. 简述硬链接和软链接的含义和区别。

3. Linux 系统中的进程有哪些状态？

4. Linux 内核的调度方式是什么？

5. 使用什么命令可以查看系统资源？

6. 尝试描述 zabbix 的工作模式。

第三章
大数据存储系统搭建与应用

随着大数据应用的爆发性增长,它已经衍生出了自己独特的架构,而且也直接推动了存储、网络以及计算技术的发展。随着结构化数据和非结构化数据量的持续增长,以及分析数据来源的多样化,传统的数据存储系统设计已经无法满足大数据应用的需要。数据仓库这一概念就是为了应对大数据场景下的数据存储而诞生的,数据仓库的运维与部署是大数据领域必备的技能。本章主要介绍 Hadoop 分布式集群、关系型数据库 MySQL、非关系型数据库 HBase 及其操作、Hive 数据仓库的部署与运维操作等内容。读者应在基本操作基础上重点掌握 NoSQL 及 Hive 数据仓库基本操作方法、优化处理方法等内容。

- ●**职业功能:** 多类型的大数据存储系统搭建与应用。
- ●**工作内容:** 面向基于 Hadoop 的 HDFS 构建的文件系统、数据库、数据仓库,针对服务器的安装、应用以及管理运维等方面,构建完整的大数据存储系统。
- ●**专业能力要求:** 能根据软件使用需求,安装或编译各类大数据功能组件;能配置各节点间的免密互信,搭建大数据集群环境;能使用命令启动或停止各大数据组件服务或进程。
- ●**相关知识要求:** 大数据集群安装方法、分布式文件系统的原理与操作、高可用原理;关系型数据库与非关系型数据库的部署与应用、SQL 基本语法;数据模型、数据仓库原理与操作;数据表管理、维护方法、数据生存周期。

第一节 文件系统部署与应用

相比传统的文件存储系统,互联网公司的分布式文件系统具有规模大、成本低两大特点。分布式存储系统由大量普通 PC 服务器通过网络互相连接,作为一个整体对外界提供文件存储服务。分布式存储系统有如下特性:

·可扩展性。集群规模扩展越大,系统的整体性能表现越优秀,处理能力越强。

·运营低成本。分布式存储系统的自动容错、自动负载均衡机制使其可以构建在普通廉价 PC 机之上,线性扩展能力也使得增加、减少机器非常方便,可以实现自动运维,降低运营成本。

·高性能。无论是整个集群还是单台服务器,都要求分布式存储系统具备文件读写的高性能。

·易用性。分布式存储系统需要能够提供简单易用的对外接口,易于用户实现。

一、大数据集群安装方法

(一)安装配置集群基础环境

集群规划如表 3-1 所示,IP 地址仅作参考,可根据具体情况进行配置。

表 3-1   集群规划

序号	主机名	IP 地址
1	master	192.168.133.138

续表

序号	主机名	IP 地址
2	slave1	192.168.133.137
3	slave2	192.168.133.136

1. 规划三台主机的文件存储目录

确认主机文件存储目录，如图 3-1 所示。

```
[root@newland ~]# ls
anaconda-ks.cfg  data  Desktop  Documents  Downloads  initial-setup-ks.cfg
Music  Pictures  pkg  Public  soft  Templates  Videos
[root@newland ~]#
```

图 3-1　确认主机文件存储目录

soft 目录存放安装文件或目录；

pkg 存放源文件；

data 存放数据文件。

2. 配置网络互信

确定三台主机之间的网络连接正常，修改三台主机名称，分别如表 3-1 的集群规划名称。

配置三台主机之间的 SSH 连接：

```
[root@master ~]# ssh-keygen -t rsa
[root@master ~]# ssh-copy-id master
```

同样拷贝到其他两台主机：

```
[root@master ~]# ssh-copy-id slave1
[root@master ~]# ssh-copy-id slave2
```

其他两台机器做相同处理。

3. 安装配置 jdk1.8 环境

参照第二章内容，将 jdk 安装到 soft 目录下。

4. 集群拷贝

```
[root@master newland]# scp -r ./soft/ slave1:/home/newland/
[root@master newland]# scp -r ./soft/ slave2:/home/newland/
```

所有节点都要配置环境变量，如图 3-2 所示。

```
[root@slave1 ~]# vi /etc/profile
[root@slave1 ~]# source /etc/profile
[root@slave1 ~]# java -version
java version "1.8.0_121"
Java(TM) SE Runtime Enveronment (build 1.8.0_121-b13)
Java HotSpot(TM) 64-Bit Server VM (build 25.121-b13)
[root@slave1 ~]#
```

图 3-2　配置环境变量结果

（二）Hadoop 集群配置

Hadoop 集群规划如表 3-2 所示。

表 3-2　　　　　　　　　　　　Hadoop 集群规划

主机名称	IP	进程
master	192.168.133.138	NameNode、DataNode、NodeManager、JobHistoryServer
slave1	192.168.133.137	ResourceManager、DataNode、NodeManager
slave2	192.168.133.136	SecondaryNameNode、DataNode、NodeManager

1. 安装配置 Hadoop

在 master 节点中，解压 Hadoop 到 soft 目录中，Hadoop 的配置文件存放于 etc/hadoop 目录下，其中要修改的文件为：hadoop-env.sh 用以配置 Hadoop 的 Java 环境变量；core-site.xml 配置 Hadoop 的核心参数；hdfs-site.xml 配置 HDFS 文件存储系统；mapred-site.xml.template 为 MapReduce 配置文件的模板，可以复制后修改为 mapred-site.xml，用以配置 MapReduce 的参数；yarn-site.xml 为 YARN 资源管理器的配置；slaves 为配置集群节点。

大部分配置文件的格式为：

```
<configuration>
  <property>
    <name>配置项</name>
    <value>配置值</value>
  </property>
</configuration>
```

可以参照配置清单添加<property>，并填写具体的配置项和配置值。

（1）hadoop-env.sh。

在 hadoop-env.sh 文件中，找到"# JAVA_HOME="，删除前面的井号放开该行代码，并在等号后面配置 JDK 的绝对路径。

（2）core-site.xml。

```
[root@master hadoop]# vi core-site.xml
<configuration>
  <property>
    <name>fs.defaultFS</name>
    <value>hdfs://master:8020</value>
  </property>
  <property>
    <name>hadoop.tmp.dir</name>
    <value>/home/newland/soft/hadoop-2.7.2/data/tmp</value>
  </property>
  <property>
    <name>fs.trash.interval</name>
    <value>10080</value>
  </property>
</configuration>
```

(3) hdfs-site.xml。

```
[root@master hadoop]# vi hdfs-site.xml
<configuration>
  <property>
    <name>dfs.replication</name>
    <value>3</value>
  </property>
  <property>
    <name>dfs.permissions.enabled</name>
    <value>false</value>
  </property>
  <property>
    <name>dfs.namenode.http-address</name>
    <value>master:50070</value>
  </property>
  <property>
    <name>dfs.namenode.secondary.http-address</name>
    <value>master:50090</value>
  </property>
</configuration>
```

(4) mapred-site.xml。

mapred-site.xml 需要先复制模板，再进行配置编辑。

```
[root@master hadoop]# cp mapred-site.xml.template mapred-site.xml
[root@master hadoop]# vi mapred-site.xml
```

```xml
<configuration>
  <property>
    <name>mapreduce.framework.name</name>
    <value>yarn</value>
  </property>
  <property>
    <name>mapreduce.jobhistory.address</name>
    <value>master:10020</value>
  </property>
  <property>
    <name>mapreduce.jobhistory.webapp.address</name>
    <value>master:19888</value>
  </property>
  <property>
    <name>mapreduce.job.ubertask.enable</name>
    <value>true</value>
  </property>
</configuration>
```

（5）yarn-site.xml。

```
[root@master hadoop]# vi yarn-site.xml
<configuration>
<!-- Site specific YARN configuration properties -->
  <property>
    <name>yarn.nodemanager.aux-services</name>
    <value>mapreduce_shuffle</value>
  </property>
```

```xml
<property>
    <name>yarn.resourcemanager.hostname</name>
    <value>slave1</value>
</property>
<property>
    <name>yarn.web-proxy.address</name>
    <value>slave1:8888</value>
</property>
<property>
    <name>yarn.log-aggregation-enable</name>
    <value>true</value>
</property>
<property>
    <name>yarn.log-aggregation.retain-seconds</name>
    <value>604800</value>
</property>
<property>
    <name>yarn.nodemanager.resource.memory-mb</name>
    <value>8192</value>
</property>
<property>
    <name>yarn.nodemanager.resource.cpu-vcores</name>
    <value>8</value>
</property>
</configuration>
```

（6）slaves。

[root@master hadoop]# vi slaves
master
slave1
slave2

2. 集群格式化及部署

（1）集群拷贝。

[root@master soft]# scp -r hadoop-2.7.2/ slave1:/home/newland/soft/
[root@master soft]# scp -r hadoop-2.7.2/ slave2:/home/newland/soft/

（2）格式化。

[root@master hadoop-2.7.2]# bin/hdfs namenode -format

（3）测试 Hadoop 集群。

[root@master hadoop-2.7.2]# sbin/start-dfs.sh
[root@slave1 hadoop-2.7.2]# sbin/start-yarn.sh
[root@master hadoop-2.7.2]# sbin/mr-jobhistory-daemon.sh start historyserver
[root@slave1 hadoop-2.7.2]# sbin/yarn-daemon.sh start proxyserver

查看 master 上运行的程序：

[root@master hadoop-2.7.2]# jsp
20784 DataNode
21443 NodeManager
20632 NameNode
21592 Jps
21229 JobHistoryServer

查看 Slave1 上运行的程序：

```
[root@slave1 hadoop-2.7.2]# jsp
2912 NodeManager
2789 ResourceManager
3349 Jps
3308 WebAppProxyServer
2045 DataNode
```

查看 Slave2 上运行的程序：

```
[root@slave2 hadoop-2.7.2]# jsp
3584 Jps
3377 SecondaryNameNode
3254 DataNode
```

运行 wordcount 案例测试：

```
[root@master hadoop-2.7.2]# bin/hdfs dfs -put /etc/profile /profile
[root@master hadoop-2.7.2]# bin/hadoop jar share/hadoop/mapreduce/hadoop-mapreduce-examples-2.7.2.jar wordcount /profile /out
```

运行程序后，打开浏览器，输入 HDFS 和 YARN 的 Web 界面 master:50070 和 master:8088，查看节点及结果如图 3-3、图 3-4 和图 3-5 所示。

图 3-3　查看界面

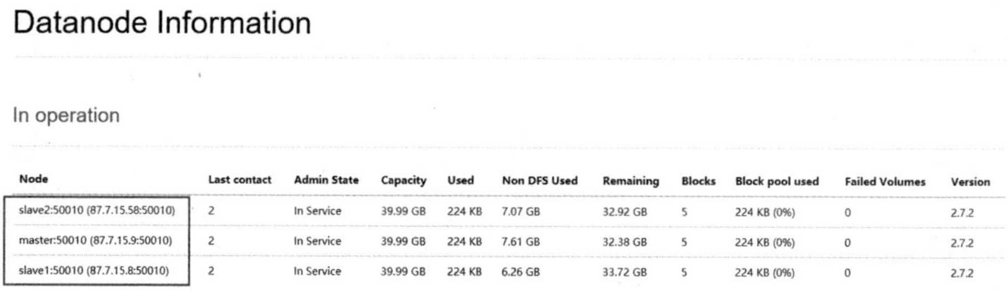

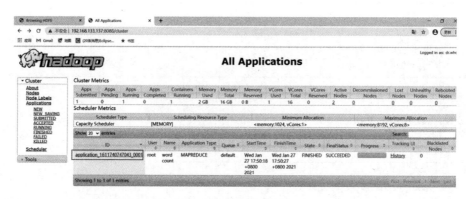

图 3-4　查看节点

图 3-5　查看运行结果

二、分布式文件系统的基本原理

分布式文件系统 DFS（distributed file system）用来管理分散在多台机器上的文件。允许将一个文件通过网络方式在多台主机上以多副本的方式进行存储，提高容错性。

HDFS（hadoop distributed file system）可以运行在廉价的服务器上，为存储海量数据提供了高容错、高可靠、高可扩展性、高吞吐率等特性。HDFS 是一个主/从（Master/Slave）体系架构，由于分布式存储的特点，集群拥有 NameNode 和 DataNode 两类节点。

NameNode（名字节点）在系统中通常只有一个，充当中心服务器的角色，管理存储和检索多个 DataNode 节点的元数据信息。DataNode（数据节点）在系统中通常可以配置多个，是文件系统中真正存储数据的地方，在 NameNode 统一调度下进行数据块的创建、复制和删除。HDFS 架构如图 3-6 所示。

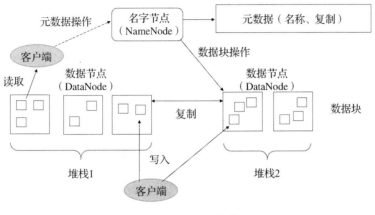

图 3-6　HDFS 架构

1. 实体 HDFS 的前提和设计目标

（1）硬件问题。

硬件故障是常态而不是异常。HDFS 可能由成百上千的机器所组成，每台机器上存储着文件系统的一部分数据。组成系统的机器集群数目是巨大的，而且任一机器都有可能宕机，也就意味着有一部分 HDFS 的机器是不工作的。错误检测和快速、自动恢复是 HDFS 最核心的设计目标。

（2）存储量。

存储量可以达到 PB、EB 级别（单个文件一般至少是 100 MB 以上），处理的文件越大，越能体现分布系统的优势，相反小文件反而不适合。

（3）数据访问。

运行在 HDFS 上的应用与普通的应用是有区别的，支持流式访问，不支持随机访问，需要采用流式访问 HDFS 的数据集。HDFS 的设计中更多考虑到了数据批处理，而不是用户交互处理。比起数据访问的低延迟问题，更关注的是数据访问的高吞吐量。

（4）HDFS 的简单一致性模型。

HDFS 应用程序的设计是一次写入、多次读取的访问模式，需要一个"一次写入多次读取"的文件访问模型。一个文件经过创建、写入和关闭之后就不需要改变。这一设计思想简化了数据一致性问题，并且使高吞吐量的数据访问成为可能。

MapReduce 程序或者网络爬虫程序都非常适合这个模型。

（5）移动计算比移动数据更划算。

一个应用程序请求的数据计算，离它操作的数据越近就越高效，在数据达到海量级别的时候更是如此。这样就能降低网络阻塞带来的影响，提高系统数据的读取速度。将计算移动到数据附近，比之将数据移动到计算应用所在位置，显然更划算更高效。HDFS 为应用提供了将计算应用移动到数据附近的接口。

2. 数据备份

HDFS 被设计成能够在大规模集群中可靠存储超大数据文件。它将每个大数据文件分隔存储成一系列的小数据块，除了最后一个数据块，其他的数据块都是同样大小。为了容错，文件的所有数据块都会保留副本。每个文件的数据块大小和副本系数都是可配置的。应用程序可以指定某个文件的副本数目。副本系数可以在文件创建的时候指定，也可以在之后改变。在不开启文件追加内容配置的情况下，HDFS 中的文件都是一次性写入的，并且严格要求在任何时候只能有一个写入者。

NameNode 全权管理数据块的备份，它周期性地从集群中的每个 DataNode 接收心跳信号和块状态报告（Block Report）。接收到心跳信号意味着该 DataNode 节点工作正常。块状态报告包含了一个该 DataNode 上所有数据块的列表。数据节点与数据块复制的关系如图 3-7 所示。

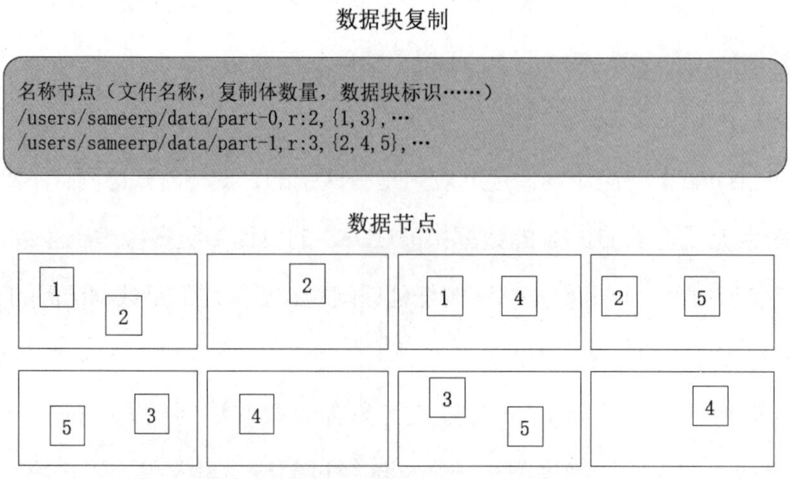

图 3-7　数据节点与数据块复制的关系

第三章　大数据存储系统搭建与应用

为了降低整体的带宽消耗和读取延时，HDFS 会尽量让读取程序读取离它最近的副本。如果在读取程序的同一个机架上有一个副本，那么就读取该副本。如果一个 HDFS 集群跨越多个数据机架，那么客户端也将首先读本地机架上的副本。

三、分布式文件系统的操作方式

（一）使用 HDFS shell 进行文件资源管理

HDFS 文件系统提供了基于 shell 操作命令来管理 HDFS 上的数据。

基本的格式为 bin/hdfs dfs –cmd<args>。

1. 列出文件目录

命令：hdfs fs –ls 目录路径。

示例：查看 HDFS 根目录下的文件。

```
[root@master hadoop-2.7.2]# bin/hdfs dfs -ls /
Found 3 items
drwxr-xr-x   - root supergroup          0 2021-01-28 10:17 /out
-rw-r--r--   3 root supergroup       2038 2021-01-28 10:16 /profile
drwxrwx---   - root supergroup          0 2021-01-28 10:17 /tmp
```

递归查询目录上的目录及文件：

```
[root@master hadoop-2.7.2]# bin/hdfs dfs -ls -R /tmp
   drwxrwx---   - root supergroup          0 2021-01-28 10:02 /tmp/hadoop-yarn
   drwxrwx---   - root supergroup          0 2021-01-28 10:17 /tmp/hadoop-yarn/staging
   drwxrwx---   - root supergroup          0 2021-01-28 10:02 /tmp/hadoop-yarn/staging/history
   drwxrwx---   - root supergroup          0 2021-01-28 10:17 /tmp/hadoop-yarn/staging/history/done
   drwxrwx---   - root supergroup          0 2021-01-28 10:17 /tmp/hadoop-yarn/staging/history/done/2021
```

drwxrwx--- - root supergroup	0 2021-01-28 10:17 /tmp/hadoop-yarn/staging/history/done/2021/01	
drwxrwx--- - root supergroup	0 2021-01-28 10:17 /tmp/hadoop-yarn/staging/history/done/2021/01/28	

2. HDFS 中创建文件夹

命令：hdfs fs –mkdir 文件夹名称。

```
[root@master hadoop-2.7.2]# bin/hdfs dfs -mkdir /newland
[root@master hadoop-2.7.2]# bin/hdfs dfs -ls /
Found 4 items
drwxr-xr-x   - root supergroup          0 2021-01-28 13:38 /newland
drwxr-xr-x   - root supergroup          0 2021-01-28 10:17 /out
-rw-r--r--   3 root supergroup       2308 2021-01-28 10:16 /profile
drwxrwx---   - root supergroup          0 2021-01-28 10:17 /tmp
```

级联创建文件夹：

```
[root@master hadoop-2.7.2]# bin/hdfs dfs -mkdir -p /newland/mr/input
[root@master hadoop-2.7.2]# bin/hdfs dfs -ls -R /newland
drwxr-xr-x   - root supergroup          0 2021-01-28 13:40 /newland/mr
drwxr-xr-x   - root supergroup          0 2021-01-28 13:40 /newland/mr/input
```

3. 上传文件到 HDFS

命令：bin/hdfs dfs –put 源路径　目标存储路径。

示例：将本地路径 /home/newland/data/test.txt 上传到 HDFS 文件目录 /newland/mr/input/。

```
[root@master hadoop-2.7.2]# bin/hdfs dfs -put /home/newland/data/teste.txt /newland/mr/input
[root@master hadoop-2.7.2]# bin/hdfs dfs -ls -R /newland
```

drwxr-xr-x - root supergroup	0 2021-01-28 13:40 /newland/mr	
drwxr-xr-x - root supergroup	0 2021-01-28 13:44 /newland/mr/input	
-rw-r--r-- 3 root supergroup	41 2021-01-28 13:44 /newland/mr/input/test.txt	

4. 从 HDFS 上下载文件

命令：hdfs dfs -get 文件路径　本地存放路径。

[root@master hadoop-2.7.2]# bin/hdfs dfs -get /newland/mr/input/test.txt /home/newland/data/test/
[root@master test]# pwd
/home/newland/data/test
[root@master test]# ls
test.txt

5. 查看 HDFS 文件内容

命令：bin/hdfs dfs -cat/text 文件路径。

示例：查看 hdfs 文件目录 /newland/mr/input/test.txt 文件内容。

[root@master hadoop-2.7.2]# bin/hdfs dfs -cat /newland/mr/input/test.txt
hello hadoop
hello spark
hello zookeeper

6. 统计 HDFS 上文件大小

命令：bin/hdfs dfs -du 存储路径。

示例：查看 /newland/ 下文件大小。

[root@master hadoop-2.7.2]# bin/hdfs dfs -du /newland/mr/input
2038　/newland/mr/input/profile
41　　/newland/mr/input/test.txt

7. 删除 HDFS 上文件或目录

命令：bin/hdfs dfs –rm（r）文件路径。

示例：删除 hdfs 文件目录 /newland/mr/input/profile 文件内容。

[root@master hadoop-2.7.2]# bin/hdfs dfs -rm /newland/mr/input/profile
21/01/28 14:10:07 INFO fs.TrashPolicyDefault: Namenode trash configuration: Deletion interval = 10080 minutes,Emptier interval = 0 minutes Deleted /newland/mr/input/profile
[root@master hadoop-2.7.2]# bin/hdfs dfs -ls /newland/mr/input
-rw-r--r--   3 root supergroup   41 2021-01-28 13:44 /newland/mr/input/test.txt

8. 查看 help 帮助命令

命令：bin/hdfs dfs –help 命令。

示例：查看 mkdir 命令的帮助。

[root@master hadoop-2.7.2]# bin/hdfs dfs -help mkdir

-mkdir [-p] <path> ... :
  Create a directory in specified location.
 	
  -p Do not fail if the directory already exists

（二）使用文件管理工具进行文件资源管理

1. 配置回收站对删除文件进行管理

在 core-site.xml 添加如下配置：

```
  <property>
    <name>fs.trash.interval</name>
    <value>10080</value>
  </property>
```

重新删除 profile 文件，可以查看回收站内容如图 3-8 所示。

Browse Directory

Permission	Owner	Group	Size	Last Modified	Replication	Block Size	Name
-rw-r--r--	root	supergroup	1.99 KB	2021/1/28 下午2:06:20	3	128 MB	profile

路径：/user/root/.Trash/Current/newland/mr/input

图 3-8　查看回收站内容

2. 缓存管理

创建缓存池：

[root@master hadoop-2.7.2]# bin/hdfs cacheadmin -addPool testPool

Successfully added cache pool testPool.

[root@master hadoop-2.7.2]# bin/hdfs cacheadmin -listPools

Found 1 result.
NAME　　OWNER　GROUP　MODE　　LIMIT　　MAXTTL
testPool　root　　root　rwxr-xr-x　unlimited　never

把文件夹放入缓存池，提高读取速度：

[root@master hadoop-2.7.2]# bin/hdfs cacheadmin -addDirective -path /newland/mr/input -pool testPool

Added cache directive 1

查看缓存池内容：

[root@master hadoop-2.7.2]# bin/hdfs cacheadmin -listDirectives -pool testPool

Found 1 entry
 ID　POOL　　REPL EXPIRY　PATH
 1　testPool　1　never　/newland/mr/input

3. 小文件归档

```
[root@master hadoop-2.7.2]# bin/hdfs dfs -mkdir /myarchive
[root@master hadoop-2.7.2]# bin/hadoop archive -archiveName myarchive.har -p /newland/mr/input -r 1 /myarchive
```

小文件归档结果如图 3-9 所示。

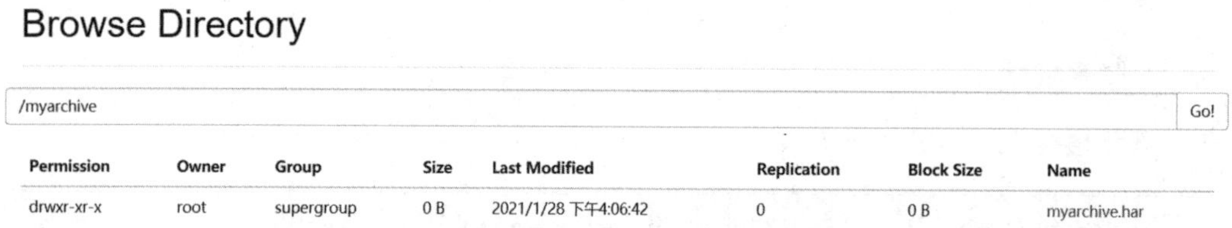

Browse Directory

Permission	Owner	Group	Size	Last Modified	Replication	Block Size	Name
drwxr-xr-x	root	supergroup	0 B	2021/1/28 下午4:06:42	0	0 B	myarchive.har

图 3-9　小文件归档结果

```
[root@master hadoop-2.7.2]# bin/hdfs dfs -ls -R har:///myarchive/myarchive.har
-rw-r--r--   3 root supergroup         41 2021-01-28 13:44 har:///myarchive/myarchive.har/test.txt
```

或用下面的查看方式：

```
[root@master hadoop-2.7.2]# bin/hdfs dfs -ls -R har://hdfs-master/myarchive/myarchive.har
-rw-r--r--   3 root supergroup         41 2021-01-28 13:44 har://hdfs-master/myarchive/myarchive.har/test.txt
```

解压缩：

```
[root@master hadoop-2.7.2]# bin/hdfs dfs -cp har:///myarchive/myarchive.har /har
[root@master hadoop-2.7.2]# bin/hdfs dfs -ls /har
Found 1 items
-rw-r--r--   3 root supergroup         41 2021-01-28 16:20 /har/test.txt
```

解压缩结果如图 3-10 所示。

图 3-10　解压缩结果

第二节　数据库部署与应用

形象地说，数据库就是用来存储数据的仓库，它是一种特殊的文件。根据存储数据格式的不同，数据库可划分为关系型数据库和非关系型数据库。

关系型数据库是指建立在关系模型上的数据库，通俗来讲，这种数据库就是由多张表组成，每张表又由很多行也称记录组成，每行由多个列（字段）构成，并且这些表之间存在一定的关系。

关系型数据库 RDBMS 的主要产品如下。

· Oracle 数据库：目前比较流行的数据库，企业级大型项目中经常使用，如银行、电信、电商。

· MySQL 数据库：Web 时代使用最广泛的关系型数据库，属于轻量级。

· SqlServer 数据库：在微软的项目开发中经常使用，目前有多个版本。

· Sqlite 数据库：轻量级数据库，主要应用在移动 App 平台。

一、关系型数据库部署及应用方式

本教程关系型数据库以 mysql-5.7.22 版为基础进行操作。

（一）卸载之前版本的 mariadb 数据库

mariadb 数据库为 MySQL 数据库的分支产品，Centos7 系统默认使用的 Yum 源安装的是 mariadb 数据库，若安装 MySQL 数据库，会造成冲突，因此需要先卸载 mariadb 数据库。

查看 mariadb-lib：

```
[root@master /]# rpm -qa | grep -i mariadb
mariadb-libs-5.5.68-1.el7.x86_64
mariadb-5.5.68-1.el7.x86_64
mariadb-server-5.5.68-1.el7.x86_64
```

卸载 mariadb：

```
[root@master /]# sudo rpm -e --nodeps mariadb-libs-5.5.68-1.el7.x86_64
[root@master /]# sudo rpm -e --nodeps mariadb-5.5.68-1.el7.x86_64
[root@master /]# sudo rpm -e --nodeps mariadb-server-5.5.68-1.el7.x86_64
```

（二）安装 mysql-5.7.22

1. 下载并解压安装包

```
[root@master pkg]# tar -xvf mysql-5.7.22-1.el7.x86_64.rpm-bundle.tar -C ../soft/mysql-5.7.22
# 进入到 mysql-5.7.19 文件夹
[root@master pkg]# cd ../soft/mysql-5.7.22/
```

2. 使用 rpm –ivh 安装（注意按顺序安装）

```
[root@master mysql-5.7.22]# sudo rpm -ivh mysql-community-common-5.7.22-1.el7.x86_64.rpm
```

[root@master mysql-5.7.22]# sudo rpm -ivh mysql-community-libs-5.7.22-1.el7.x86_64.rpm

[root@master mysql-5.7.22]# sudo rpm -ivh mysql-community-client-5.7.22-1.el7.x86_64.rpm

[root@master mysql-5.7.22]# sudo rpm -ivh mysql-community-server-5.7.22-1.el7.x86_64.rpm

[root@master mysql-5.7.22]# sudo rpm -ivh mysql-community-common-5.7.22-1.el7.x86_64.rpm

warning: mysql-community-common-5.7.22-1.el7.x86_64.rpm: Header V3 DSA/SHA1 Signature, key ID 5072e1f5: NOKEY

Preparing...   ############################# [100%]

Updating / installing...

   1:mysql-community-common-5.7.22-1.e############################# [100%]

[root@master mysql-5.7.22]# sudo rpm -ivh mysql-community-libs-5.7.22-1.el7.x86_64.rpm

warning: mysql-community-libs-5.7.22-1.el7.x86_64.rpm: Header V3 DSA/SHA1 Signature, key ID 5072e1f5: NOKEY

Preparing...   ############################# [100%]

Updating / installing...

   1:mysql-community-libs-5.7.22-1.el7.x86############################# [100%]

[root@master mysql-5.7.22]# sudo rpm -ivh mysql-community-client-5.7.22-1.el7.x86_64.rpm

warning: mysql-community-client-5.7.22-1.el7.x86_64.rpm: Header V3 DSA/SHA1 Signature, key ID 5072e1f5: NOKEY

Preparing...   ############################# [100%]

Updating / installing...

   1:mysql-community-client-5.7.22-1.el7.x############################# [100%]

[root@master mysql-5.7.22]# sudo rpm -ivh mysql-community-server-5.7.22-1.el7.x86_64.rpm

warning: mysql-community-server-5.7.22-1.el7.x86_64.rpm: Header V3 DSA/SHA1 Signature, key ID 5072e1f5: NOKEY

Preparing...   ############################### [100%]

Updating / installing...

   1:mysql-community-server-5.7.22-1.el7.############################### [100%]

3. 初始化数据库

[root@master mysql-5.7.22]# sudo mysqld --initialize --user=mysql

（三）修改初始密码

每个人初始密码不同，因此需要先查询初始密码：

[root@master mysql-5.7.22]# cat /var/log/mysqld.log |grep password

2021-01-29T01:52:49.478760Z 1 [Note] A temporary password is generated for root@localhost: #:iSD8GkQ&zS

[root@master mysql-5.7.22]# sudo service mysqld start

[root@master mysql-5.7.22]# mysql -uroot -p ' 输入上面查询到的密码 '

修改新密码为 123456：

mysql > alter user 'root'@'localhost' identified by '123456';

设置主机访问权限：

mysql > update mysql.user set host = '%' where user = 'root';

刷新权限：

mysql > flush privileges;

退出 mysql 重新登录：

```
mysql > exit;
[root@master mysql-5.7.22]# mysql -uroot -p
```

```
Enter password:
Welcome to the MySQL monitor.  Commands end with ;or \g.
Your MySQL connection id is 3
Server version: 5.7.22 MySQL Community Server (GPL)

Copyright (c)2000,2018,Oracle and/or its affiliates. All rights reserved.

Oracle is a registered trademark of Oracle Corporation and/or its
affiliates. Other names may be trademarks of their respective
owners.

Type 'help:'or '\h' for help. Type '\c' to clear the current input statement.

mysql>
```

设置 mysql 服务开机自启动：

```
[root@master mysql-5.7.22]# systemctl enable mysqld.service
```

二、SQL 语句基本语法

MySQL 数据库能实现数据的存储与管理，可以通过 DML（data manipulation language，数据操纵语言）来实现对数据的管理。

（一）创建库表及外键

1. 创建数据库

```
mysql> create database 'test_db' character set utf8 collate utf8_general_ci;
Query OK,1 row affected (0.00 sec)
mysql> show databases;
```

```
+------------------------------+
| Database                     |
+------------------------------+
| information_schema           |
| mysql                        |
| performance_schema           |
| sys                          |
| test_db                      |
+------------------------------+
5 rows in set (0.00 sec)
```

2. 创建表并设置表之间的外键关系

```
# 外键：创建表时添加外键约束
# 年级表：年级编号、年级名称
mysql> use test_db;
mysql > CREATE TABLE grade(
    -> gradeid INT(10)PRIMARY KEY AUTO_INCREMENT,
    -> gradename VARCHAR(50)NOT NULL
    ->);
```

Query OK,0 rows affected (0.42 sec)

```
# 学生表：学号、姓名、性别、年级、手机号、地址、出生日期、邮箱、身份证
mysql > CREATE TABLE student(
    -> studentno INT(4)PRIMARY KEY,
    -> studentname VARCHAR(20)NOT NULL DEFAULT ' 匿名 ',
    -> sex TINYINT(1)DEFAULT 1,
    -> gradeid INT(10),
    -> phone VARCHAR(50)NOT NULL,
```

```
    -> address VARCHAR(255),
    -> borndate DATETIME,
    -> email VARCHAR(50),
    -> identityCard VARCHAR(18)NOT NULL,
    -> CONSTRAINT FK_gradeid FOREIGN KEY(gradeid)REFERENCES grade(gradeid)
    -> );
```

Query OK,0 rows affected (0.42 sec)

```
mysql> CREATE TABLE 'result' (
    -> 'StudentNo' int(4)NOT NULL COMMENT ' 学号 ',
    -> 'SubjectNo' int(4)NOT NULL COMMENT ' 课程编号 ',
    -> 'ExamDate' datetime NOT NULL COMMENT ' 考试日期 ',
    -> 'StudentResult' int(4)NOT NULL COMMENT ' 考试成绩 ',
    -> KEY 'SubjectNo' ('SubjectNo')
    -> )ENGINE=InnoDB DEFAULT CHARSET=utf8;
```

Query OK,0 rows affected (0.42 sec)

```
mysql> insert into 'result'('StudentNo','SubjectNo','ExamDate','StudentResult')
    -> values (1111,1,'2019-11-11 16:00:00',94),(1111,2,'2020-11-10 0:00:00',75),
    -> (1112,3,'2019-12-19 10:00:00',76),(1113,4,'2020-11-18 11:00:00',93),
    -> (1113,5,'2019-11-11 14:00:00',97),(1112,6,'2019-09-13 15:00:00',87),
    -> (1112,7,'2020-10-16 16:00:00',79),(1111,8,'2010-11-11 16:00:00',74),
    -> (1113,9,'2019-11-21 10:00:00',69);
```

Query OK,9 rows affected (0.03 sec)

```
mysql> CREATE TABLE 'subject' (
    -> 'SubjectNo' int(11)NOT NULL AUTO_INCREMENT COMMENT ' 课程编号 ',
    -> 'SubjectName' varchar(50)DEFAULT NULL COMMENT ' 课程名称 ',
    -> 'ClassHour' int(4)DEFAULT NULL COMMENT ' 学时 ',
    -> 'GradeID' int(4)DEFAULT NULL COMMENT ' 年级编号 ',
```

```
        -> PRIMARY KEY ('SubjectNo')
        -> )ENGINE=InnoDB AUTO_INCREMENT=18 DEFAULT CHARSET=utf8;
Query OK,0 rows affected (0.42 sec)
mysql> show tables;
+------------------------+
| Tables_in_test_db |
+------------------------+
| grade             |
| student           |
+------------------------+
2 rows in set (0.00 sec)
```

3. DML 操作

（1）Insert（添加数据语句）。

```
mysql> insert into 'grade'('GradeID','GradeName')
        -> values (1,' 大一 '),(2,' 大二 '),(3,' 大三 '),(4,' 大四 ');
Query OK,4 rows affected (0.03 sec)
Records: 4   Duplicates: 0   Warnings: 0
mysql> select * from grade;
+-----------+-----------------+
| gradeid | gradename |
+-----------+-----------------+
|       1 | 大一         |
|       2 | 大二         |
|       3 | 大三         |
|       4 | 大四         |
+-----------+-----------------+
4 rows in set (0.00 sec)
```

第三章 大数据存储系统搭建与应用

```
mysql> insert into student
    -> (StudentNo,StudentName,Sex,GradeId,Phone,Address,Email,IdentityCard)
    -> values
    -> (1111," 张小备 ",1,1,"13600000001"," 福州市新大陆 1 号 ","liuxiaob@newland.com","133323198612111541"),
    -> (1112," 孙小权 ",1,2,"13900000002"," 福州市马尾西路 1 号 ","sunxiaoq@newland.com","632323198512311762"),
    -> (1113," 曹小操 ",2,3,"13800000015"," 上海卢湾区 ","caocao@newland.com","15223198412311438")
    -> ;
Query OK,3 rows affected (0.03 sec)
Records: 3  Duplicates: 0  Warnings: 0
```

（2）Update（更新数据语句）。

```
mysql> update student set borndate="1977-07-07" where studentno="1111";
Query OK,1 row affected (0.02 sec)
Rows matched: 1  Changed: 1  Warnings: 0
mysql> update student set borndate="1978-08-08" where gradeid>1;
Query OK,2 rows affected (0.04 sec)
Rows matched: 2  Changed: 2  Warnings: 0
mysql > select * from student;
```

Update 操作结果如图 3-11 所示。

```
+-----------+-------------+-----+---------+-------------+--------------------+---------------------+----------------------+--------------------+
| studentno | studentname | sex | gradeid | phone       | address            | borndate            | email                | identityCard       |
+-----------+-------------+-----+---------+-------------+--------------------+---------------------+----------------------+--------------------+
|      1111 | 张小备      |   1 |       1 | 13600000001 | 福州市新大陆1号    | 1977-07-07 00:00:00 | liuxiaob@newland.com | 133323198612111541 |
|      1112 | 孙小权      |   1 |       2 | 13900000002 | 福州市马尾西路1号  | 1978-08-08 00:00:00 | sunxiaoq@newland.com | 632323198512311762 |
|      1113 | 曹小操      |   2 |       3 | 13800000015 | 上海卢湾区         | 1978-08-08 00:00:00 | caocao@newland.com   | 15223198412311438  |
+-----------+-------------+-----+---------+-------------+--------------------+---------------------+----------------------+--------------------+
3 rows in set (0.00 sec)
```

图 3-11　student 表更新

（3）Delete（删除数据语句）。

Delete 操作结果如图 3-12 所示。

mysql> select * from student;

```
mysql> select * from student;
+-----------+-------------+-----+---------+-------------+-------------------+---------------------+----------------------+--------------------+
| studentno | studentname | sex | gradeid | phone       | address           | borndate            | email                | identityCard       |
+-----------+-------------+-----+---------+-------------+-------------------+---------------------+----------------------+--------------------+
|      1112 | 孙小权       |   1 |       2 | 13900000002 | 福州市马尾西路1号  | 1978-08-08 00:00:00 | sunxiaoq@newland.com | 632323198512311762 |
|      1113 | 曹小操       |   2 |       3 | 13800000015 | 上海卢湾区         | 1978-08-08 00:00:00 | caocao@newland.com   | 152231984123311438 |
+-----------+-------------+-----+---------+-------------+-------------------+---------------------+----------------------+--------------------+
2 rows in set (0.00 sec)
```

图 3-12　Student 表删除

不带 where 条件的删除：
mysql> delete from student;
Query OK,2 rows affected (0.02 sec)
mysql> select * from student;
Empty set (0.00 sec)
#TRUNCAT 删除操作表数据
创建一个 demo_delete 表
mysql> DROP TABLE IF EXISTS demo_delete;
mysql> CREATE TABLE IF NOT EXISTS demo_delete(
-> id INT(10)NOT NULL　AUTO_INCREMENT,
-> title VARCHAR(32)NOT NULL,
-> PRIMARY KEY(id)
->)AUTO_INCREMENT = 5 ;
mysql> INSERT INTO demo_delete (title)VALUES("aaaaa"),("bbbbb"),("cccccc"),("dddddd");
#TRUNCATE 清除数据
mysql> TRUNCATE TABLE demo_delete;
与用 delete 删除数据比较，AUTO_INCREMENT 的值有不同
delete 删除的不会重置该值，从上次插入的主键 ID 开始累计
mysql> delete from demo_delete;

4. 查询操作

（1）简单查询。

```
# 查询所有学生信息（所有列，效率低）
mysql> SELECT * FROM student;
# 查询指定列（学号 姓名）
mysql> SELECT studentno,studentname FROM student;
# 为列取别名（as，也可以省略）
mysql> SELECT studentno AS 学号 ,studentname AS 姓名 FROM student;

mysql> SELECT studentno 学号 ,studentname 姓名 FROM student;
# 使用 as 也可以为表取别名
mysql> SELECT studentno 学号 ,studentname 姓名 FROM student AS s;
mysql> SELECT studentno 学号 ,studentname 姓名 FROM student s;

# 使用 as，为查询结果取一个新名字
mysql> SELECT CONCAT(' 姓名：',studentname) AS 新姓名 FROM student;
# 查看哪些同学参加了考试（学号）-- 去除重复项（distinct，默认 all）
mysql> SELECT DISTINCT studentno FROM result;
```

```
+-----------+
| studentno |
+-----------+
|      1111 |
|      1112 |
|      1113 |
+-----------+
3 rows in set (0.01 sec)
```

（2）表达式查询。

```
#select 查询中可以使用表达式
mysql> SELECT @@auto_increment_increment;
mysql> SELECT VERSION();
mysql> SELECT 100*3-1 AS 计算结果;
# 学员考试成绩集体提分 1 分
mysql> SELECT studentno,studentresult+1 AS '提分后' FROM result;
使用 where 表达式
mysql> SELECT *
    -> FROM result
    -> WHERE StudentResult >= 80 AND StudentResult <= 90;
```

（3）连接查询。

```
msyql > SELECT SubjectName,ClassHour,GradeName FROM subject as s left join grade as g ON g.GradeID = s.GradeID;
```

连接查询结果如图 3-13 所示。

```
--------------------+-----------+----------
SubjectName         | ClassHour | GradeName
--------------------+-----------+----------
高等数学-1           |       110 | 大一
C语言-1              |       110 | 大一
JAVA第一学年         |       110 | 大一
数据库结构-1         |       110 | 大一
C#基础               |       130 | 大一
高等数学-2           |       110 | 大二
C语言-2              |       110 | 大二
JAVA第二学年         |       110 | 大二
数据库结构-2         |       110 | 大二
高等数学-3           |       100 | 大三
C语言-3              |       100 | 大三
JAVA第三学年         |       100 | 大三
数据库结构-3         |       100 | 大三
高等数学-4           |       130 | 大四
C语言-4              |       130 | 大四
JAVA第四学年         |       130 | 大四
数据库结构-4         |       130 | 大四
```

图 3-13　连接查询结果

(4)排序查询。

```
mysql > select * from result order by studentresult desc;
```

排序查询结果如图 3-14 所示。

```
+-----------+-----------+---------------------+---------------+
| StudentNo | SubjectNo | ExamDate            | StudentResult |
+-----------+-----------+---------------------+---------------+
|      1113 |         5 | 2019-11-11 14:00:00 |            97 |
|      1111 |         1 | 2019-11-11 16:00:00 |            94 |
|      1113 |         4 | 2020-11-18 11:00:00 |            93 |
|      1112 |         6 | 2019-09-13 15:00:00 |            87 |
|      1112 |         7 | 2020-10-16 16:00:00 |            79 |
|      1112 |         3 | 2019-12-19 10:00:00 |            76 |
|      1111 |         2 | 2020-11-10 10:00:00 |            75 |
|      1111 |         8 | 2010-11-11 16:00:00 |            74 |
|      1113 |         9 | 2019-11-21 10:00:00 |            69 |
+-----------+-----------+---------------------+---------------+
9 rows in set (0.00 sec)
```

图 3-14　排序查询结果

(5)分类查询。

```
mysql > select * from result order by studentresult desc limit 0,5；
```

分类查询结果如图 3-15 所示。

```
+-----------+-----------+---------------------+---------------+
| StudentNo | SubjectNo | ExamDate            | StudentResult |
+-----------+-----------+---------------------+---------------+
|      1113 |         5 | 2019-11-11 14:00:00 |            97 |
|      1111 |         1 | 2019-11-11 16:00:00 |            94 |
|      1113 |         4 | 2020-11-18 11:00:00 |            93 |
|      1112 |         6 | 2019-09-13 15:00:00 |            87 |
|      1112 |         7 | 2020-10-16 16:00:00 |            79 |
+-----------+-----------+---------------------+---------------+
5 rows in set (0.00 sec)
```

图 3-15　分类查询结果

(6)分组查询。

```
mysql> SELECT
    -> s.SubjectName as " 课程名 ",MAX(StudentResult) as " 最高分 ",
MIN(StudentResult) as " 最低分 ",AVG(StudentResult) as " 平均分 "
    -> FROM
    -> result as r
    -> LEFT JOIN
```

```
    -> subject as s ON s.SubjectNo = r.SubjectNo
    -> GROUP BY r.SubjectNo
    ->HAVING AVG(StudentResult)>= 60;
```

分组查询结果如图 3-16 所示。更多查询方式，请参考 MySQL 官方文档。

```
+-----------+-----------+---------------------+---------------+
| StudentNo | SubjectNo | ExamDate            | StudentResult |
+-----------+-----------+---------------------+---------------+
|      1113 |         5 | 2019-11-11 14:00:00 |            97 |
|      1111 |         1 | 2019-11-11 16:00:00 |            94 |
|      1113 |         4 | 2020-11-18 11:00:00 |            93 |
|      1112 |         6 | 2019-09-13 15:00:00 |            87 |
|      1112 |         7 | 2020-10-16 16:00:00 |            79 |
|      1112 |         3 | 2019-12-19 10:00:00 |            76 |
|      1111 |         2 | 2020-11-10 10:00:00 |            75 |
|      1111 |         8 | 2010-11-11 16:00:00 |            74 |
|      1113 |         9 | 2019-11-21 10:00:00 |            69 |
+-----------+-----------+---------------------+---------------+
9 rows in set (0.00 sec)
```

图 3-16　分组查询结果

（二）事务索引操作

1. 事务操作

创建 shop 数据库 mysql > CREATE DATABASE IF NOT EXISTS 'shop'
创建 账户表 mysql> CREATE TABLE IF NOT EXISTS 'account' (　　-> 'id' int(11)not null auto_increment, 　　-> 'name' varchar(32)not null, 　　-> 'cash' decimal(9,2)not null, 　　-> PRIMARY KEY ('id') 　　->) ENGINE=InnoDB;
mysql > INSERT INTO 'account' ('name','cash')VALUES ('A',1500.00); mysql > INSERT INTO 'account' ('name','cash')VALUES ('B',2000.00);
事务处理 mysql> select * from account;

```
mysql> set autocommit= 0;
mysql> START TRANSACTION;
mysql> update account set cash = cash - 500 where name = 'A';
mysql> select * from account;
mysql> ROLLBACK;
mysql> set autocommit = 1;
mysql> select * from account;
```

2. 索引操作

```
mysql>show index from student;
```

索引操作结果如图 3-17 所示。

```
+---------+------------+-----------+--------------+-------------+-----------+-------------+----------+--------+------+------------+---------+---------------+
| Table   | Non_unique | Key_name  | Seq_in_index | Column_name | Collation | Cardinality | Sub_part | Packed | Null | Index_type | Comment | Index_comment |
+---------+------------+-----------+--------------+-------------+-----------+-------------+----------+--------+------+------------+---------+---------------+
| student |          0 | PRIMARY   |            1 | studentno   | A         |           3 |     NULL |   NULL |      | BTREE      |         |               |
| student |          1 | FK_gradeid|            1 | gradeid     | A         |           3 |     NULL |   NULL | YES  | BTREE      |         |               |
+---------+------------+-----------+--------------+-------------+-----------+-------------+----------+--------+------+------------+---------+---------------+
2 rows in set (0.00 sec)
```

图 3-17 索引操作结果

增加约束,创建新索引。

```
mysql> alter table student add unique index(IdentityCard);
mysql> alter table student add index (Email);
mysql>show index from student;
```

新索引操作结果如图 3-18 所示。

```
+---------+------------+-------------+--------------+--------------+-----------+-------------+----------+--------+------+------------+---------+---------------+
| Table   | Non_unique | Key_name    | Seq_in_index | Column_name  | Collation | Cardinality | Sub_part | Packed | Null | Index_type | Comment | Index_comment |
+---------+------------+-------------+--------------+--------------+-----------+-------------+----------+--------+------+------------+---------+---------------+
| student |          0 | PRIMARY     |            1 | studentno    | A         |           3 |     NULL |   NULL |      | BTREE      |         |               |
| student |          0 | identityCard|            1 | identityCard | A         |           3 |     NULL |   NULL |      | BTREE      |         |               |
| student |          1 | FK_gradeid  |            1 | gradeid      | A         |           3 |     NULL |   NULL | YES  | BTREE      |         |               |
| student |          1 | email       |            1 | email        | A         |           3 |     NULL |   NULL | YES  | BTREE      |         |               |
+---------+------------+-------------+--------------+--------------+-----------+-------------+----------+--------+------+------------+---------+---------------+
4 rows in set (0.01 sec)
```

图 3-18 新索引操作结果

先修改为 MyISAM 类型数据表

mysql> alter table student engine=MyISAM;

mysql> alter table student add fulltext(StudentName);

3. 数据备份操作

（1）备份数据。

备份数据

[root@master data]# mysqldump -uroot -pnewland test_db student result>/home/data/test_db.sql

恢复数据：

[root@master data]# mysql -uroot -pnewland test_db</home/data/test_db.sql

（2）导入与导出数据。

备份数据库 test_db 中的 student 表中的 studentno 及 studentname 列到文件 mytest.sql 中

mysql> use test_db;

Reading table information for completion of table and column names
You can turn off this feature to get a quicker startup with -A

Database changed

mysql> SELECT studentno,studentname INTO OUTFILE '/home/data/mytest.sql' FROM student;

Query OK,3 rows affected (0.00 sec)

[root@master data]# cat mytest.sql

1111	张小备
1112	孙小权
1113	曹小操

```
# 恢复文件 mytest.sql 中的数据到 tes_db 数据库的 test 表中来 USE test_db
mysql> LOAD DATA INFILE '/home/data/mytest.sql' INTO TABLE t2(id,sname);
Query OK, 3 rows affected (0.02sec)
Record: 3 Deleted: 0 Skipped: 0 Warning: 0
mysql> select * from t2
+-----+----------+
| id  | sname    |
+-----+----------+
|1111 | 张小备   |
|1112 | 孙小权   |
|1113 | 曹小操   |
+-----+----------+
3 rows in set (0.00 sec)
```

三、非关系型数据库部署及应用方式

HBase 是一个构建在 HDFS 之上的分布式、面向列的开源数据库，是 Google bigtable 的开源实现，它主要用于存储海量数据，是 Hadoop 生态系统的重要一员。

HBase 与 DBMS 的对比如表 3-3 所示。

表 3-3　　　　　　　　　　HBase 与 DBMS 对比

	HBase	DBMS
数据类型	单一 string	多种类型
数据操作	普通 CURD，没有关联查询	有关联查询
存储模式	基于列	基于行
应用场景	大数据，自带索引，查询效率高	普通表

安装与配置 HBase 的操作如下：

1. 解压安装包到 soft 目录

```
[root@master pkg]# tar -zxf hbase-1.3.1-bin.tar.gz -C ../soft/
```

2. 配置文件

HBase 的配置文件位于其安装路径的 conf 目录下，修改 hbase-env.sh：

```
export JAVA_HOME=/home/newland/soft/jdk1.8.0_121
```

修改 hbase-site.xml，其中 Zookeeper 配置方法参考第五章 Zookeeper 安装。

```xml
<property>
  <name>hbase.rootdir</name>
  <value>hdfs://master:8020/hbase</value>
</property>
<property>
  <name>hbase.zookeeper.property.dataDir</name>
  <value>/home/newland/soft/hbase-1.3.1/data/zkData</value>
</property>
<property>
  <name>hbase.cluster.distributed</name>
  <value>true</value>
</property>
```

修改 regions：

```
master
```

启动 HBase：

```
[root@master hbase-1.3.1]# bin/hbase-daemon.sh start zookeeper
[root@master hbase-1.3.1]# bin/hbase-daemon.sh start master
[root@master hbase-1.3.1]# bin/hbase-daemon.sh start regionserver
[root@master hbase-1.3.1]# jps
```

```
12466  HMaster
12659  HRegionServer
4916   DataNode
4757   NameNode
12389  HQuorumPeer
5465   JobHistoryServer
5210   NodeManager
12863  Jps
```

HBase 的 Web 浏览器界面接口为 16010，打开 Web 浏览器界面如图 3-19 所示。

图 3-19　HBase 的 Web 浏览器界面

3. HBase shell 操作

[root@master hbase-1.3.1]# bin/hbase shell
hbase(main):001:0> help # 建表： hbase(main):002:0> create 'user','info'
0 row(s) in 2.6290 seconds => Hbase::Table - user

```
# 写入一条记录：
hbase(main):003:0> put 'user','id0001','info:name','liubei'
0 row(s)in 0.1940 seconds
hbase(main):004:0> put 'user','id0002','info:name','guanyu'
0 row(s)in 0.0210 seconds
hbase(main):005:0> put 'user','id0003','info:name','zhangfei'
0 row(s)in 0.0240 seconds
# 查看数据：
hbase(main):006:0> scan 'user'
ROW                COLUMN+CELL
 id0001            column=info:name, timestamp=1611981095169, value=liubei
 id0002            column=info:name, timestamp=1611981121353, value=guanyu
 id0003            column=info:name, timestamp=1611981138294, value=zhangfei
3 row(s) in 0.0380 seconds
# Get 查看表信息：
hbase(main):007:0> get 'user','id0001'
COLUMN      CELL
 info:name  timestamp=1611981095169,value=liubei
1 row(s)in 0.0280 seconds
# 删除表，先禁用，然后删除：
hbase(main):008:0> disable 'user'
0 row(s)in 2.3750 seconds
hbase(main):009:0> drop 'user'
0 row(s)in 1.3340 seconds
hbase(main):010:0> list
```

```
TABLE
0 row(s)in 0.0310 seconds

=> []
```

更多操作请参阅：https://hbase.apache.org/book.html。

第三节　Hive 数据仓库部署与应用

一、Hive 数据仓库原理

Hive 是一个构建在 Hadoop（一个分布式系统基础架构）上的数据仓库平台，其设计目标是使 Hadoop 上的数据操作与传统 SQL 结合，让熟悉 SQL（structured query language，结构化查询语言）编程的开发人员能够轻松向 Hadoop 平台转移。

（一）Hive 的特点

Hive 的特点有以下几点：

· 定义了 HQL 与传统的 SQL 相结合，降低了开发难度。

· ETL（extract-transform-load，抽取、转换、加载）抽取、转换和加载。

· 高延迟。

· 不提供在线事务处理。

- 海量日志分析（BI）。
- UDF（user-defined-functions，用户自定义功能）。

（二）Hive 与 MR 的对比

编写 MapReduce 程序需要实现 Mapper 和 Reducer 两个接口，才能实现简单单词统计。而使用 Hive，则只需建立相应的数据仓库，使用如下的 HQL 语句即得出同样的结果，而 MR 则要大量的代码实现单词的统计。用 Hive 完成单词数量统计示例如图 3-20 所示。

```
hive> select word,count(*)as num from tabname;
```

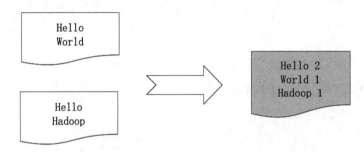

图 3-20　用 Hive 完成单词数量统计示例

（三）Hive 体系架构

Hive 体系架构图如图 3-21 所示。

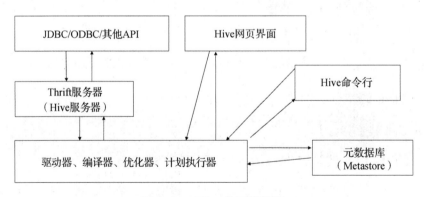

图 3-21　Hive 体系架构图

Hive 体系架构可以分为以下几部分：

● 用户接口

・命令行：命令行启动的时候，会同时启动一个 Hive 副本。

・JDBC 客户端：封装了 Thrift，Java 应用程序，可以通过指定的主机和端口连接到在另一个进程中运行的 Hive 服务器。

・ODBC 客户端：ODBC 驱动允许支持 ODBC 协议的应用程序连接到 Hive。

・WUI 接口：是通过 Web 浏览器访问 Hive。

● Thrift 服务器

・基于 socket 通信，支持跨语言。Hive Thrift 服务简化了在多编程语言中运行 Hive 的命令。

● 底层驱动层

・解释器、编译器、优化器完成 HQL 查询语句从词法分析、语法分析、编译、优化以及查询计划的生成。

● 元数据库 Metastore

・Hive 的数据由数据文件和元数据两部分组成。元数据用于存放 Hive 库的基础信息，它存储在关系数据库中，比如 MySQL 或者 Derby 数据库。

● Hadoop

・Hive 的数据文件存储在 HDFS 中，大部分的查询由 MapReduce 完成（对于包含 * 的查询，比如 select * from tbl 不会生成 MapRedcue 作业）。

二、数据仓库使用方法

（一）解压安装文件并配置环境变量

1. 上传文件并解压

```
[root@master pkg]# tar -zxf apache-hive-2.3.0-bin.tar.gz -C ../soft/
```

配置环境变量结果如图 3-22 所示。

```
export JAVE_HOME=/home/newland/soft/jdk1.8.0_121
export MAVEN_HOME=/home/newland/soft/apache-maven-3.6.1
export FINDBUGS_HOME=/home/newland/soft/findbugs-3.0.1
export HIVE_HOME=/home/newland/soft/apache-hive-2.3.0-bin
export PATH=$PATH:$JAVA_HOME/bin:$MAVEN_HOME/bin:$FINDBUGS_HOME/bin:$HIVE_HOME/bin
```

图 3-22　配置环境变量结果

2. 配置文件

在 config 目录下拷贝文件，利用 hive-defautl.xml.template 文件拷贝出如下两个文件：

```
[root@master conf]# cp hive-default.xml.template hive-site.xml
[root@master conf]# cp hive-default.xml.template hive-default.xml
[root@master conf]# ls
```

beeline-log4j2.properties.template	hive-site.xml
hive-default.xml	ivysettings.xml
hive-default.xml.template	llap-cli-log4j2.properties.template
hive-env.sh.template	llap-daemon-log4j2.properties.template
hive-exec-log4j2.properties.template	parquet-logging.properties
hive-log4j2.properties.template	

（二）配置元数据

下载 MySQL 驱动"mysql-connector-java-5.1.46.jar"，放在 hive/lib 下，并修改 hive-site.xml，配置元数据库。

```xml
<property>
  <name>javax.jdo.option.ConnectionURL</name>
  <value>jdbc:mysql://master:3306/hive</value>
</property>
<property>
  <name>javax.jdo.option.ConnectionDriverName</name>
  <value>com.mysql.jdbc.Driver</value>
```

```xml
      </property>
      <property>
        <name>javax.jdo.option.ConnectionUserName</name>
        <value>hive</value>
      </property>
      <property>
        <name>javax.jdo.option.ConnectionPassword</name>
        <value>123456</value>
      </property>
```

MySQL 创建 Hive 数据库：

```
mysql> create database hive;
```

初始化 MySQL 并查看结果：

```
[root@master apache-hive-2.3.0-bin]# schematool -initSchema -dbType mysql
mysql> use hive;
mysql> show tables;
```

```
+----------------------------------------+
| Tables_in_hive                         |
+----------------------------------------+
| AUX_TABLE                              |
| BUCKETING_COLS                         |
| CDS                                    |
| COLUMNS_V2                             |
| COMPACTION_QUEUE                       |
| COMPLETED_COMPACTIONS                  |
| COMPLETED_TXN_COMPONENTS               |
| DATABASE_PARAMS                        |
```

DBS	
DB_PRIVS	
DELEGATION_TOKENS	

三、数据模型及实现方式

Hive 的存储是建立在 Hadoop 文件系统之上的,它本身没有专门的数据存储格式,其主要包括以下四类数据模型。

·表(Table)。

·分区(Partition)。

·桶(Bucket)。

·外部表(External Table)。

Hive 架构图如图 3-23 所示。

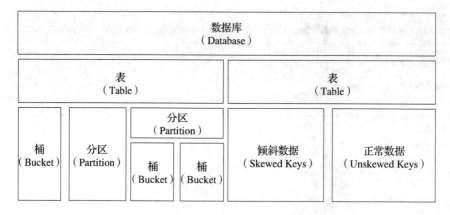

图 3-23　Hive 架构图

(一)启动 Hive

```
[root@master apache-hive-2.3.0-bin]# bin/hive
```

（二）创建表

hive> CREATE TABLE stu(id INT,name STRING)ROW FORMAT DELIMITED FIELDS TERMINATED BY '\t' ;
OK
Time taken: 0.886 seconds
hive> show tables;
OK
stu
Time taken: 0.03 seconds,Fetched: 1 row(s)

（三）加载数据

hive> load data local inpath '/home/data/stu.txt' into table stu;
Loading data to table default.stu
OK
Time taken: 2.209 seconds
hive> select * from stu;
OK
1   张三
2   李四
3   王五
4   赵六
Time taken: 1.333 seconds,Fetched: 4 row(s)

（四）MySQL 关联的元数据

mysql> select * from TBLS;

查看元数据如图 3-24 所示。

```
+--------+-------------+-------+------------------+-------+-----------+-------+----------+---------------+--------------------+-------
| TBL_ID | CREATE_TIME | DB_ID | LAST_ACCESS_TIME | OWNER | RETENTION | SD_ID | TBL_NAME | TBL_TYPE      | VIEW_EXPANDED_TEXT | VIEW_O
RIGINAL_TEXT | IS_REWRITE_ENABLED |
|      1 |  1611989598 |     1 |                0 | root  |         0 |     1 | stu      | MANAGED_TABLE | NULL               | NULL
+--------+-------------+-------+------------------+-------+-----------+-------+----------+---------------+--------------------+-------
1 row in set (0.00 sec)
```

图 3-24 查看元数据

创建外部表：

| hive> create external table if not exists employee_external(|
| > name string, |
| > work_place array<string>, |
| > sex_age struct<sex:string,age:int>, |
| > skill_score map<string,int>, |
| > depart_title map<string,array<string>> |
| >) |
| > comment 'this is an external table' |
| > row format delimited |
| > fields terminated by '\|' |
| > collection items terminated by ',' |
| > map keys terminated by ':' |
| > stored as textfile |
| > location '/user/hive/employee'; |
| OK |
| hive> show tables; |
| Time taken: 1.066 seconds |
| OK |
| employee_external |
| stu |

（五）查询表结构

hive> desc employee_external;
OK
name   string
work_place   array<string>
sex_age   struct<sex:string,age:int>
skill_score   map<string,int>
depart_title   map<string,array<string>>
Time taken: 0.057 seconds,Fetched: 5 row(s)

（六）HDFS 加载数据

[root@master ~]# cd /home/data/
[root@master data]# ls
employee.txt mytest.sql stu.txt test test_db.sql test.txt tmp
[root@master data]# cat employee.txt
Michael|Montreal,Toronto|Male,30|DB:80|Product:DeveloperLead
Will|Montreal|Male,35|Perl:85|Product:Lead,Test:Lead
Shelley|New York|Female,27|Python:80|Test:Lead,COE:Architect
Lucy|Vancouver|Female,57|Sales:89,HR:94|Sales:Lead
[root@master data]# cd /home/softwares/hadoop-2.7.2/
[root@master hadoop-2.7.2]# bin/hdfs dfs -put /home/data/employee.txt /user/hive/employee/

回到 Hive 中：

hive> select * from employee_external;
OK
Michael ["Montreal","Toronto"] {"sex":"Male","age":30} {"DB":80}

{"Product":["Developer","Lead"]}

Will ["Montreal"] {"sex":"Male","age":35} {"Perl":85}

{"Product":["Lead"],"Test":["Lead"]}

Shelley ["New York"] {"sex":"Female","age":27} {"Python":80}

{"Test":["Lead"],"COE":["Architect"]}

Lucy ["Vancouver"] {"sex":"Female","age":57} {"Sales":89,"HR":94}

{"Sales":["Lead"]}

Time taken: 1.944 seconds,Fetched: 4 row(s)

查询列：

hive> select name from employee_external;

OK

Michael

Will

Shelley

Lucy

Time taken: 0.195 seconds,Fetched: 4 row(s)

查询复杂数据类型：

hive> select work_place from employee_external;

OK

["Montreal","Toronto"]

["Montreal"]

["New York"]

["Vancouver"]

Time taken: 0.168 seconds,Fetched: 4 row(s)

按数组下标查询：

hive> select work_place,work_place[0] from employee_external;

OK

["Montreal","Toronto"] Montreal

["Montreal"] Montreal

["New York"] New York

["Vancouver"] Vancouver

Time taken: 0.568 seconds,Fetched: 4 row(s)

Struct 查询：

hive> select sex_age from employee_external;

OK

{"sex":"Male","age":30}

{"sex":"Male","age":35}

{"sex":"Female","age":27}

{"sex":"Female","age":57}

Time taken: 0.158 seconds,Fetched: 4 row(s)

Map 查询：

hive> select skill_score from employee_external;

OK

{"DB":80}

{"Perl":85}

{"Python":80}

{"Sales":89,"HR":94}

Time taken: 0.186 seconds,Fetched: 4 row(s)

第四节 Hive 数据仓库管理与运维

一、Hive 数据仓库的数据表管理方法

Hive 是基于 Hadoop 的一个数据仓库工具,可以将结构化的数据文件映射为一张数据库表,并提供简单的 SQL 查询功能,还可以将 SQL 语句转换为 MapReduce 任务进行运行。其优点是学习成本低,可以通过类 SQL 语句快速实现简单的 MapReduce 统计,不必开发专门的 MapReduce 应用,十分适合数据仓库的统计分析。但它的缺点也非常明显,因为 Hive 运算引擎来自 MapReduce,MapReduce 中间结果都存储在磁盘,IO 导致速度很慢。

(一)使用 Hive 进行表的管理操作

Hive 中存在两种表。

·内部表,又称为托管表,数据文件、统计文件、元数据都由 Hive 自己管理。换句话说,这个表数据存储在哪里不用关心,也不用提供,Hive 默认存储在 HDFS。Hive 能管理原始数据的整个生命周期。Hive 表删除后,数据也随之删除。

·外部表,数据文件存储在其他系统中,可能是 HDFS,也可能是 HBase 和 csv,Hive 只保留映射关系。但 Hive 表删除后,数据不会丢失,仍然存在于其他系统中。

（二）Hive 进行表的管理操作

1. 创建表

```
hive> create database if not exists test;
hive> use test;
hive> create table if not exists test.user1(
    > name string comment 'name',
    > salary float comment 'salary',
    > address struct<country:string, city:string> comment 'home address'
    > )
    > comment 'description of the table'
    > partitioned by (age int)
    > row format delimited fields terminated by '\t'
    > stored as orc;
OK
Time taken: 0.405 seconds
```

说明：没有指定 external 关键字，则为内部表，跟 MySQL 一样，if not exists 如果表存在则不做操作，否则应新建表。comment 可以为其做注释，分区为 age 年龄，列之间分隔符是 \t，存储格式为列式存储 orc，存储位置为默认位置，即参数 hive.metastore.warehouse.dir（默认：/user/hive/warehouse）指定的 HDFS 目录，如图 3-25 所示。

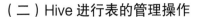

Browse Directory

Permission	Owner	Group	Size	Last Modified	Replication	Block Size	Name
/user/hive/warehouse							Go!
drwx------	root	supergroup	0 B	2021/1/31 上午9:28:16	0	0 B	employee_partitioned
drwx------	root	supergroup	0 B	2021/1/30 下午3:00:04	0	0 B	stu
drwx------	root	supergroup	0 B	2021/1/31 上午9:59:24	0	0 B	test.db

图 3-25　HDFS 默认存储结果

2. 拷贝表（使用 like 关键字）

```
hive> create table if not exists test.user2 like test.user1;
```

3. 查看表结构

通过 desc tableName 命令查看表结构，可以看出拷贝的表 test.user1 与原表 test.user1 的表结构是一样的。

```
hive> desc test.user2;
OK
name        string                                    name
salary      float                                     salary
address     struct<country:string,city:string>        home address
age         int
```

4. 删除表

```
hive> drop table if exists table_name
```

说明：对于内部表，drop 能直接把表彻底删除；对于外部表，若要彻底将这张表删除，还需要删除对应的 HDFS 文件。出于安全考虑，通常 Hadoop 集群是开启回收站功能的。删除外表后，表的数据就会移动到回收站。回收站里的数据是可以恢复的。

5. 修改表

可以通过 alter table 来修改表名、分区、列、属性等。

```
# 修改表名：
hive> alter table test.user1 rename to test.user3;
# 增加分区：
hive> alter table test.user2 add if not exists
    > partition (age = 101) location '/user/hive/warehouse/test.db/user2/part-0000101'
    > partition (age = 102) location '/user/hive/warehouse/test.db/user2/part-0000102';
```

```
OK
Time taken: 0.291 seconds
```

```
# 修改分区：
hive> alter table test.user2 partition (age = 101) set location '/user/hive/warehouse/test.db/user2/part-0000100';
```

```
# 修改列：
hive> alter table test.user2 add columns (
    > birth date comment '生日',
    > hobby string comment '爱好'
    > );
```

```
OK
Time taken: 0.202 seconds
```

二、数据表维护方法及数据生命周期

（一）使用 Hive 配置内部表和外部表

·内部表：HDFS 中为所属数据库目录下的子文件夹数据完全由 Hive 管理，删除表（元数据）会删除数据。

·外部表：数据保存在指定位置的 HDFS 路径中，Hive 不完全管理数据，删除表（元数据）不会删除数据。工作中主要用外部表，这样比较安全，外部表有 external 关键字。对于内部表要不要使用 location，可选可不选。不使用的话，是默认 HDFS 路径下的，即 hdfs:///opt/hive/warehouse/ 表名。

（二）Hive 的执行生命周期

Hive 的执行生命周期流程图如图 3-26 所示。

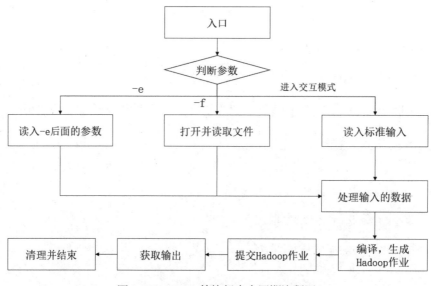

图 3-26 Hive 的执行生命周期流程图

1. CliDriver 进行交互模式

输入 bin/hive 进入交互命令行窗口。

2. 读取命令 processLine 进行分割处理

多行命令以";"隔开,并提交处理。

3. ProcessCmd 判断为操作系统命令进行相应处理

根据输入的语句格式关键词标记,来调用相应的执行命令。

4. CommandProcess 判断为 Hive 设置语句进行相应处理

根据命令的第一个标记,来调用不同的处理语句。

5. 如果判断为 <query string> 调用 Driver 处理

编译命令语句,并准备执行。

6. 获取执行成功或者失败的结果

执行提交的命令,如果任务执行失败,抛出异常。

7. 执行中间文件与临时文件的清理

清理中间过程与临时文件。

三、数据仓库的分区管理

为了对 Hive 表进行管理以及提高查询效率，Hive 可以将表组织成"分区"。一个分区实际上就是表下的一个目录，一个表可以在多个维度上进行分区，分区之间的关系就是目录树的关系。

（一）使用 Hive 配置静态分区

1. 创建分区表

```
hive> CREATE TABLE employee_partitioned(
    > name string,
    > work_place ARRAY<string>,
    > sex_age STRUCT<sex:string,age:int>,
    > skills_score MAP<string,int>,
    > depart_title MAP<STRING,ARRAY<STRING>>
    > )
    > PARTITIONED BY (Year INT,Month INT)
    > ROW FORMAT DELIMITED
    > FIELDS TERMINATED BY '|'
    > COLLECTION ITEMS TERMINATED BY ','
    > MAP KEYS TERMINATED BY ':';
```

2. 添加分区

```
hive> alter table employee_partitioned add partition (year=2107,month=4);
OK
Time taken: 0.531 seconds
```

3. 显示分区

```
hive> show partitions employee_partitioned;
```

OK

year=2107/month=4

Time taken: 0.143 seconds,Fetched: 1 row(s)

4. 加载数据并测试

```
hive> LOAD DATA LOCAL INPATH '/home/data/employee.txt'
    > OVERWRITE INTO TABLE employee_partitioned
    > PARTITION (year=2014,month=12);
```

Loading data to table default.employee_partitioned partition (year=2014,month=12)

OK

Time taken: 5.945 seconds

查询数据：

hive> SELECT name,year ,month FROM employee_partitioned;

OK

Michael	2014	12
Will	2014	12
Shelley	2014	12
Lucy	2014	12

Time taken: 1.669 seconds, Fetched: 4 row(s)

5. 删除分区

```
hive> alter table employee_partitioned drop
    > partition (year=2104,month=4);
```

（二）使用 Hive 配置动态分区

1. 设置参数开启动态分区（dynamic partition）

hive> set hive.exec.dynamic.partition=true; # 开启动态分区，默认是 false。

hive> set hive.exec.dynamic.partition.mode=nonstrict; # 开启允许所有分区都是动态的，否则必须要有静态分区才能使用。

2. 动态分区相关的调优参数

hive> set hive.exec.max.dynamic.partitions.pernode=100; #（默认 100，一般可以设置大一些，比如 1 000）表示每个 maper 或 reducer 可以允许创建的最大动态分区个数，默认是 100，超出则会报错。

hive> set hive.exec.max.dynamic.partitions =1000; #（默认值）表示一个动态分区语句可以创建的最大动态分区个数，超出则会报错。

hive> set hive.exec.max.created.files =10000; #（默认）表示全局可以创建的最大文件个数，超出则会报错。

四、数据仓库计算引擎切换

（一）切换 Hive 计算引擎

1. 配置 MapReduce 计算引擎

hive> set hive.execution.engine=mr;

2. 配置 Spark 计算引擎

hive> set hive.execution.engine=spark;

3. 配置 tez 计算引擎

hive> set hive.execution.engine=tez;

说明：切换 Spark 引擎时，集群上要安装有 Spark，且 Hive 与 Spark 的版本要匹配。

（二）配置 Hive 计算优化

1. Hadoop 处理数据过程的特征

对于 job 任务数量比较多的作业，执行运行效率也会比较低，比如有几百行数据的表，如果多次关联多次汇总，产生多个 job 任务，耗时比较长。MapReduce 作业初始化的时间也会较长。

Hive 在执行 count(distinct) 时，效率较低。特别是当数据量越多时，效率越低，因此应尽量避免这种写法。

2. 优化方法

- 好的模型设计事半功倍。
- 解决数据倾斜问题，尽量使数据分布均匀。
- 减少 job 任务数量。
- 对小文件进行合并，是行之有效的提升作业调度效率的方法。
- 从处理任务作业的整体角度考虑，整体优化大于局部优化。

思考题

1. 请从架构上分析 Hadoop 的优缺点。

2. 简述安装 Hadoop 的步骤。

3. 简述 HBase 和 Zookeeper 搭建过程。

4. Hive 的内部组成模块和作用分别是什么？

5. HBase 宕机了如何处理？

6. Hive 数据库和表在 HDFS 上存储的路径是什么？

7. 列举 Hive 支持的数据格式。

第四章
大数据作业开发系统搭建与应用

大数据技术突飞猛进，不同厂商推出了各种快速便捷的大数据处理引擎。无论是 Hadoop 和 Storm，还是后来的 Spark 和 Flink，没有哪一个框架可以完全支持所有的应用场景。本章将重点介绍 MapReduce，Spark 与 Flink 这三个常用大数据处理引擎。

- ●**职业功能：** 大数据处理所需的各项开发环境构建。
- ●**工作内容：** 基于 Hadoop 生态圈、Spark 生态圈的技术，针对作业开发所需的编译环境、调度系统、资源管理平台等方面内容，构建完整的大数据作业开发系统。
- ●**专业能力要求：** 能根据软件使用需求，安装或编译各类大数据功能组件；能对代码仓库中所提交的代码版本进行管理；能根据上线计划，按时完成功能上线；能根据平台数据规范，清除平台测试数据或残留历史数据；能根据业务需要，对持久化作业进行上下线管理；能使用工具对大数据集群的各类组件、服务的运行状态进行监控管理；能使用工具对计算作业运行和资源占用情况进行监控管理；能根据故障报告，参与故障排查并处理故障问题。
- ●**相关知识要求：** 数据引擎执行原理与依赖安装方式、各类计算工具的安装方式；计算资源、队列的分配原理与作业计算进度监控方法；作业开发环境配置，脚本开发工具应用方法；作业调度原理与定时调度的配置方法，作业打包与上传方法。

第一节　作业计算系统搭建

大数据计算引擎目前经历了四代的发展，从第 1 代的 MapReduce，到第 2 代基于有向无环图的 Tez，第 3 代基于内存计算的 Spark，再到第 4 代的 Flink。Flink 基于 Hadoop 进行开发和使用，并不会取代 Hadoop，而是与 Hadoop 紧密结合。

一、大数据处理引擎工作原理

（一）MapReduce 计算引擎

MapReduce 是一种分布式计算模型，主要用于搜索领域解决海量数据的计算问题。

MapReduce 处理引擎提供了一套久经考验的批处理模型，最适合处理对时间要求不高的大规模数据集。它用低成本的组件搭建完整功能的 Hadoop 集群，使这一廉价且高效的处理技术可以灵活应用在很多案例中。与其他框架和引擎的兼容与集成能力使 Hadoop 可以成为使用不同技术的多种工作负载处理平台的底层基础。

1. MapReduce 的定义

MapReduce 是一种面向大规模数据处理的并行计算模型和方法，被广泛应用于许多大规模数据的计算平台。

2. MapReduce 的设计目标

MapReduce 是一种编程模型，用于大规模数据集的并行计算与处理。概念"Map（映射）"和"Reduce（归约）"是它的主要思想，主要是从函数式编程语言里借鉴而来，也有从矢量编程语言里借鉴的思想。它极大方便编程人员在不会分布式并行编程的情况下，将自己的程序运行在分布式系统上。

MapReduce 采用的是"分而治之"的思想，把对大规模数据集的操作，分发给主节点下的多个子节点来共同完成，然后汇总各个子节点中间的结果，得到最终的计算结果，实现了"分散任务，汇总结果"的功能。

3. MapReduce 的特点

·编程简单。

它简单实现一些 API 接口，编程人员简单了解分布式就可以写出一个 MapReduce 程序，这个特点使得 MapReduce 编程变得非常流行。

·良好的扩展性。

MapReduce 扩容能力相当强，计算资源不能得到满足的时候，可以通过简单增加机器来扩展其计算能力。

·高容错性。

MapReduce 设计的初衷就是使程序能够部署在廉价的 PC 机器上，这就要求它具有很高的容错性。比如其中一台机器宕机，它可以把上面的计算任务转移到另外一个节点上运行，而且这个过程不需要人工参与，完全由 Hadoop 集群自动切换完成。

·适合 PB 级以上海量数据的离线处理。

MapReduce 适合离线处理而不适合在线处理，它很难做到亚秒级别的处理程序一样返回结果，而且延迟性较强。

4. MapReduce 的不足

MapReduce 虽然具有很多的优势，但是在有些场景下实现的效果差，主要表现在以下几个方面：

·实时计算。

MapReduce 无法像 MySQL 一样，在毫秒或者秒级内返回结果。

·流式计算。

流式计算的输入数据是动态的，而 MapReduce 的输入数据集是静态的，不能动态变化。这是因为 MapReduce 自身的设计特点决定数据源必须是静态的。

·DAG（有向图）计算。

多个应用程序存在依赖关系，后一个应用程序的输入为前一个的输出。在这种前后相互信赖的情况下，MapReduce 并不是不能做，但采用后，每个 MapReduce 作业的输出结果都会写入磁盘，会造成大量的磁盘读写操作，导致效率非常低下。

（二）Spark 计算引擎

1. Spark 的定义

Spark 是一种快速、通用、可扩展的大数据分析引擎，其生态系统已经发展成为一个包含多个子项目的集合，其中包含 SparkSQL、SparkStreaming、GraphX、MLlib 等子项目。Spark 是基于内存计算的大数据并行计算框架，基于内存计算提高了在大数据环境下数据处理的实时性，同时保证了高容错性和高可扩展性，允许用户将 Spark 部署在大量廉价硬件之上，形成集群。

Spark 得到了众多知名大数据公司的支持，这些公司有的将 Spark 应用于大数据业务，有的利用 GraphX 构建了大规模的图计算和图挖掘系统，实现了很多公司内部系统的推荐算法；还有的 Spark 集群达到了上千台的规模。

2. Spark 基本架构

Spark 提供了全方位的软件栈，其基本架构如图 4-1 所示，只要掌握 Spark 一门编程语言就可以编写不同应用场景的应用程序（如批处理、流计算、图计算等）。Spark 主要用来代替 Hadoop 的 MapReduce 部分。

·Spark Core。

包含 Spark 的基本功能，主要包含任务调度、内存管理、容错机制等。其内部定义了 RDD（resilient distributed datasets，弹性分布式数据集），提供了很多 API

来创建和操作这些 RDD，为其他组件提供底层的服务。

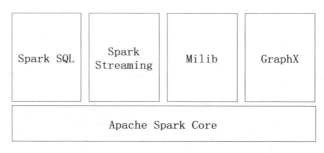

图 4-1 Spark 基本架构

· Spark SQL.

它是 Spark 处理结构化数据的库，就像 Hive SQL 和 Mysql 一样，企业中用来做报表统计。

· Spark Streaming.

它是实时数据流处理组件，类似 Storm。Spark Streaming 提供了 API 来操作实时流数据。企业中用来从 Kafka 接收数据进行实时统计。目前 Spark Streaming 已被标记为 old（不再更新），新版本使用 Structured Streaming。

· MLlib.

它是一个包含通用机器学习功能的包，主要包含分类、聚类、回归等，还包括模型评估和数据导入。MLlib 提供的上面这些方法，都支持集群上的横向扩展。目前 MLlib 已被标记为 old，新版本改为 ml。

· Graphx.

它是处理图数据的库（如社交网络图），并进行图数据的并行计算。像 Spark Streaming，Spark SQL 一样，它也继承了 RDD API。它提供了各种图的操作和常用的图算法，例如 PangeRank 算法。

3. Spark 特点

· 速度快。

与 MapReduce 相比，Spark 基于内存的运算要快 100 个数量级以上，基于硬盘的运算也要快 10 个数量级以上。Spark 实现了高效的 DAG（database availability group，有向无环图）执行引擎来提高处理数据流的速度。

· 易用性。

Spark 支持 Java，Python 和 Scala 的 API，还支持超过 80 种高级 API 操作算法，使用户可以快速构建不同的应用。而且 Spark 支持交互式的 Python 和 Scala 的 shell，可以非常方便地在这些 shell 中使用 Spark 集群来验证解决问题的方法。

· 通用性。

Spark 提供了统一的解决方案。Spark 可以用于批处理、交互式查询（Spark SQL）、实时流处理（Spark Streaming）、机器学习（Spark MLlib）和图计算（GraphX）。这些不同类型的处理都可以在同一个应用中无缝使用。Spark 统一的解决方案非常具有吸引力，毕竟任何公司都想用统一的平台去处理遇到的问题，减少开发和维护的人力成本和部署平台的物力成本。

· 兼容性好。

Spark 可以非常方便地与其他的开源产品进行融合。比如，Spark 可以使用 Hadoop 的 YARN 和 Apache Mesos 作为它的资源管理和调度器，并且可以处理所有 Hadoop 支持的数据，包括 HDFS，HBase 和 Cassandra 等。这对于已经部署 Hadoop 集群的用户特别重要，因为不需要做任何数据迁移就可以使用 Spark 的强大处理能力。Spark 也可以不依赖于第三方的资源管理和调度器，它实现了 Standalone 作为其内置的资源管理和调度框架，这样进一步降低了 Spark 的使用门槛，使得所有人都可以非常容易地部署和使用 Spark。此外，Spark 还提供了在 EC2 上部署 Standalone 的 Spark 集群的工具，如图 4-2 所示。

图 4-2　Spark 兼容多种外部框架

（三）Flink 计算引擎

1. Flink 自定义

Apache Flink 是一个用于在无界和有界数据流上进行有状态计算的分布式处理框架和引擎。Flink 被设计成可以在所有常见的集群环境中运行，以内存速度和任何规模执行计算。

2. Flink 基本架构

Flink 整个系统主要由两个组件组成：JobManager 和 TaskManager 组件。其架构是遵循主从设计原则的，JobManager 为 master 节点、TaskManager 为 slave 节点（也称 work 节点），组件之间的通信是借助 Akka Framework。

（1）JobManager：负责整个 Flink 集群任务的调度和资源分配。从客户端获取提交的任务后，JobManager 根据 TaskManager 中资源（Task Slots）使用的情况，分配资源并命令 TaskManager 启动任务。在这个过程中，JobManager 会触发 checkpoint 操作，TaskManager 执行 checkpoint 操作，其中所有 checkpoint 协调的过程都在 JobManager 中完成。此外，若是任务失败了，也由 JobManager 协调失败任务的恢复。

（2）TaskManager：负责具体的任务执行和节点上资源申请和管理，多节点之间的数据交换也是在 TaskManager 上执行。Flink 集群中，每个 worker（TaskManager）对应的是一个 JVM 进程。换句话说，JobManager 分配资源和任务，TaskManager 拥有资源、启动任务。一般在生产环境中，JobManager 和 TaskManager 所在节点应是分离的，其目的主要是为了保证 TaskManager（基于内存的计算）不抢夺 JobManager 的资源。

（3）client 客户端：不是 runtime 的一部分，换句话说，Flink 集群启动 client 提交的任务之后，客户端是可以断开的，是可以不需要的。客户端不像 JobManager 和 TaskManager 对应着 Flink 集群中的节点（或是物理机、或是虚拟机、或是容器），若程序在 JobManager 所在节点执行，则称 client 在 JobManager 节点上。同样，其也可以在 TaskManager 节点上。提交一个任务的正常流程是：客户端与

JobManager 构建 Akka 连接，将任务提交到 JobManager 上；JobManager 根据已经注册在 JobManager 中 TaskManager 的资源（TaskSlot）情况，将任务分配给有资源的 TaskManager，并命令 TaskManager 启动任务；TaskManager 则从 JobManager 接受所需部署的任务，启动任务并建立连接，然后接收数据并开始处理（见图 4-3）。

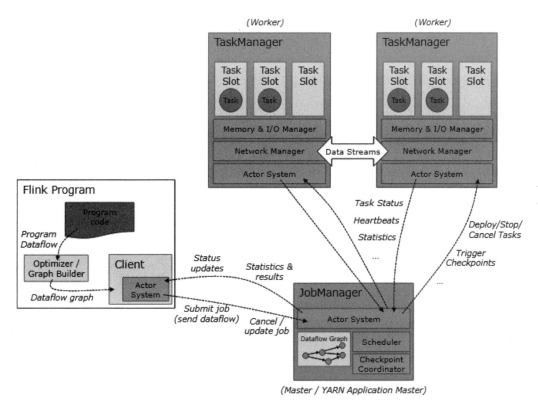

图 4-3　Flink 架构图

3. Flink 特点

·擅长处理无界和有界数据集。

对时间控制和状态的精确控制使 Flink 在运行时（runtime）能够运行任何处理无界流的应用。有界流则由一些专为固定大小数据集而特殊设计的算法和数据结构内部处理。

·易于部署应用。

Apache Flink 是一个分布式系统，它需要计算资源来执行应用程序。Flink

集成了所有常见的集群资源管理器，例如 Hadoop YARN、Apache Mesos 和 Kubernetes，但同时也可以作为独立集群运行。

Flink 被设计为能够很好地工作在上述每个资源管理器中，这是通过资源管理器特定（resource-manager-specific）的部署模式实现的。Flink 可以采用与当前资源管理器相适应的方式进行交互。

部署 Flink 应用程序时，Flink 会根据应用程序配置的并行性，自动标识出所需的资源，并从资源管理器请求这些资源。在发生故障的情况下，Flink 通过请求新资源来替换发生故障的容器。提交或控制应用程序的所有通信都是通过 REST 调用进行的，这样可以简化 Flink 与周边生态环境平台的集成。

- 运行任意规模应用。

Flink 可在任意规模上运行有状态流式应用。因此，应用程序可能被并行化为数千个任务，这些任务分布在集群中并发执行。所以应用程序能够充分利用无尽的 CPU、内存、磁盘和网络 IO。Flink 很容易维护非常大的应用程序状态，其异步和增量的检查点算法对处理延迟产生最小的影响，同时保证状态的一致性。

二、MapReduce 引擎依赖安装方式

MapReduce 的思想就是"分而治之"，其执行流程如图 4-4 所示。

Mapper 负责"分"，即把复杂的任务分解为若干个"简单的任务"来处理。"简单的任务"包含三层含义：一是数据或计算的规模相对原任务要大大缩小；二是就近计算原则，即任务会分配到存放着所需数据的节点上进行计算；三是这些小任务可以并行计算，彼此间几乎没有依赖关系。

Reducer 负责对 map 阶段的结果进行汇总。至于需要多少个 Reducer，用户可以根据具体问题，通过在 mapred-site.xml 配置文件里设置参数 mapred.reduce.tasks 的值，默认值为 1。

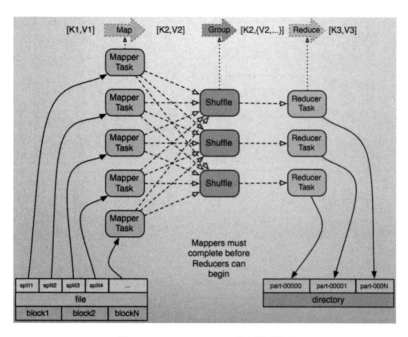

图 4-4　MapReduce 执行流程图

（一）开发工具 IDEA 安装

为了更好地理解 MapReduce 编程模型，我们用 IDEA 开发工具开发一个 WordCount 程序来详细解释 MapReduce 模型。

1. 下载并安装 IDEA

链接如下：

http://www.jetbrains.com/idea/download/#section=windows.

IDEA 分为两个版本：

ultimate 版本由 JetBrains 公司维护，需要付费，有 1 个月免费试用期。

community 版本由社区人员维护更新，开源且免费，但稳定性不如收费版。

2. 下载安装到计算机上

根据提示安装完毕后，启动的时候会弹出需要注册选择 Evaluate for free（试用）进入 IDE，如图 4-5 所示。

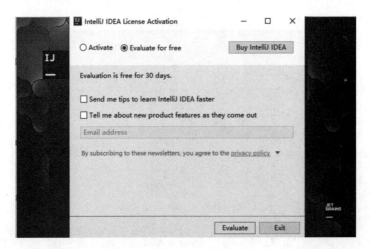

图 4-5 IDEA 注册选择界面

注：IDE 是集成并发环境的总称，这里用到的是其中一种工具 IntelliJIDEA，简称 IDEA。

（二）wordcount 案例原理

1. 创建项目

IDEA 创造 maven 项目，如图 4-6 所示。

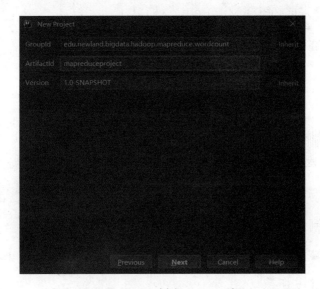

图 4-6 IDEA 创建 maven 项目

2. 添加项目信赖

添加项目信赖如图 4-7 所示，可按如下步骤操作。

图 4-7　添加项目信赖

```
# pom.xml

  <dependency>

    <groupId>org.apache.hadoop</groupId>

    <artifactId>hadoop-common</artifactId>

    <version>${hadoop.version}</version>

  </dependency>

  <!-- https://mvnrepository.com/artifact/org.apache.hadoop/hadoop-hdfs -->

  <dependency>

    <groupId>org.apache.hadoop</groupId>

    <artifactId>hadoop-hdfs</artifactId>

    <version>${hadoop.version}</version>

  </dependency>

  <dependency>

    <groupId>org.apache.hadoop</groupId>

    <artifactId>hadoop-mapreduce-client-common</artifactId>
```

```
    <version>${hadoop.version}</version>
  </dependency>
  <!--
https://mvnrepository.com/artifact/org.apache.hadoop/hadoop-mapreduce-client-core -->
  <dependency>
    <groupId>org.apache.hadoop</groupId>
    <artifactId>hadoop-mapreduce-client-core</artifactId>
    <version>${hadoop.version}</version>
  </dependency>
```

WordCountMapper 类:

```
# WordCountMapper 继承自 Mapper 类,重写 map() 方法
import org.apache.hadoop.io.LongWritable;
import org.apache.hadoop.io.IntWritable;
import org.apache.hadoop.io.Text;
import org.apache.hadoop.mapreduce.Mapper;
import java.io.IOException;

public class WordCountMapper extends Mapper<LongWritable,Text,Text,IntWritable> {
  @Override
  public void map(LongWritable key,Text value,Context context)throws IOException,InterruptedException {
    //1:得到输入的每一行数据 hello a
    String line=value.toString();
    //2:通过用户定义的分隔符分隔字符串
    String []words=line.split(" ");
    //3:通过循环输出内容
    //hello 1    a 1    b 1    c 1    hello 1    hello 1
```

```
    for(String word :words){
        context.write(new Text(word),new IntWritable(1));
    }
  }
}
```

WordCountReducer 类：

```
# WordCountReducer 继承自 Reducer 类，重写 reduce() 方法
import org.apache.hadoop.io.IntWritable;
import org.apache.hadoop.io.Text;
import org.apache.hadoop.mapreduce.Reducer;
import java.io.IOException;

public class WordCountReducer extends Reducer<Text,IntWritable,Text,IntWritable> {
    @Override
    public void reduce(Text key,Iterable<IntWritable> values,Context context)throws IOException,InterruptedException {
        // 遍历所有的 map 归约后的集合
        Integer sum=0;
        for(IntWritable value:values){
            // 求和
            sum +=value.get();
        }
        context.write(key,new IntWritable(sum));
    }
}
```

WordCountDriver 类:

```
# WordCountDriver 实现作业的提交流程
import org.apache.hadoop.conf.Configuration;
import org.apache.hadoop.fs.Path;
import org.apache.hadoop.io.IntWritable;
import org.apache.hadoop.io.Text;
import org.apache.hadoop.mapreduce.Job;
import org.apache.hadoop.mapreduce.lib.input.FileInputFormat;
import org.apache.hadoop.mapreduce.lib.output.FileOutputFormat;

/**
 * world count!
 */
public class WordCountDriver{
    public static void main(String[] args )throws Exception{

        //1 创建配置对象
        Configuration conf =new Configuration();
        //2 创建 job 对象
        Job job  =Job.getInstance(conf,"wordcount");
        //3 设置 job 运行的主类
        job.setJarByClass(WordCountDriver.class);
        //4 设置运行的 mapper 类
        job.setMapperClass(WordCountMapper.class);
        //5 设置运行的 reducer 类
        job.setReducerClass(WordCountReducer.class);
```

```java
//6 设置 map 输出的 key & value
job.setMapOutputKeyClass(Text.class);
job.setOutputValueClass(IntWritable.class);
//7 设置 reducer 类的输出的 key & value
job.setOutputKeyClass(Text.class);
job.setOutputValueClass(IntWritable.class);


//8 设置程序输入的路径
FileInputFormat.setInputPaths(job,new Path("hdfs://master:8020/words"));
FileOutputFormat.setOutputPath(job,new Path("hdfs://master:8020/out3"));


//9 提交 job
boolean b=job.waitForCompletion(true);
if(b){
   System.out.println("job complete!!");
}
   }
}
```

打包项目：

```
[root@master mapreduceproject]# mvn clean package -DskipTests
```

compress-1.11.jar (426 kB at 205 kB/s)

[INFO] Building jar: D:\IdeaProjects\mapreduceproject\target\mapreduceproject-1.0-SNAPSHOT.jar

```
[INFO] ------------------------------------------------------------------------
[INFO] BUILD SUCCESS
[INFO] ------------------------------------------------------------------------
[INFO] Total time:  01:21 min
[INFO] Finished at: 2021-02-06T12:27:40+08:00
[INFO] ------------------------------------------------------------------------
```

进行测试：

```
[root@master data]# cat test.txt
hello hadoop
hello spark
hello zookeeper
[root@master hadoop-2.7.2]# bin/hdfs dfs -mkdir words
[root@master hadoop-2.7.2]# bin/hdfs dfs -put /home/data/test.txt /words
[root@master hadoop-2.7.2]# bin/hadoop jar /home/data/jars/mapreduceproject-1.0-SNAPSHOT.jar edu.newland.bigdata.hadoop.mapreduce.wordcount.WordCountDriver
    21/02/06 12:30:39 INFO client.RMProxy: Connecting to ResourceManager at slave1/84.7.15.8:8032
    21/02/06 12:30:39 WARN mapreduce.JobResourceUploader: Hadoop command-line option parsing not performed. Implement the Tool interface and
    execute your application with ToolRunner to remedy this.
    21/02/06 12:30:40 INFO input.FileInputFormat: Total input paths to process : 1
    21/02/06 12:30:40 INFO mapreduce.JobSubmitter: number of spits: 1
    21/02/06 12:30:40 INFO mapreduce.JobSubmitter: Submitting tokens for job: job_1612311858052_001
    21/02/06 12:30:41 INFO impl.YarnClientImpl: Submitted application application_1612311858052_001
```

```
    21/02/06 12:30:41 INFO mapreduce.Job: The url to track the job : http://slave1:8888/
proxy/application_1612311858052_001/
    21/02/06 12:30:41 INFO mapreduce.Job: Running job: job_1612311858052_001
    21/02/06 12:30:49 INFO mapreduce.Job: Job job_1612311858052_001 running in
uber mode : true
    21/02/06 12:30:49 INFO mapreduce.Job: map 100% reduce 100%
    21/02/06 12:30:51 INFO mapreduce.Job: Job job_1612311858052_001 completed
successfully
    21/02/06 12:30:51 INFO mapreduce.Job: Counters: 52
[root@master hadoop-2.7.2]# bin/hdfs dfs -cat /out3/part-r-00000
hadoop      1
hello       3
spark       1
zookeeper   1
```

三、各类计算工具的安装

（一）使用 Spark 引擎进行数据处理或数据分析操作

上面讲了批处理的 MapReduce 引擎，下面讲一下流式处理引擎 Spark 和 Flink。Spark 引擎的架构如图 4-8 所示。

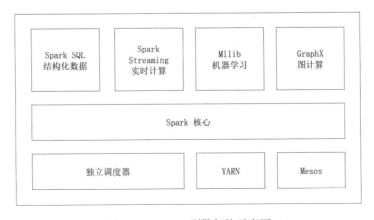

图 4-8　Spark 引擎架构示意图

1. Spark 的安装

Spark 的内核部分代码是使用 Scala 语言开发的，所以在使用 Spark 之前，首先要安装 Scala 环境。

下载并解压 Scala
[root@master pkg]# tar -zxf scala-2.11.8.tgz -C ../soft/
配置环境变量
[root@master pkg]# vi /etc/profile
export SCALA_HOME=/home/newland/soft/scala-2.11.8
export PATH=$PATH:$SCALA_HOME/bin
刷新配置文件后，测试
[root@master scala-2.11.8]# source /etc/profile
[root@master scala-2.11.8]# scala -version
Scala code runner version 2.11.8 -- Copyright 2002-2016.LAMP/EPFL
解压并配置 spark 环境
[root@master pkg]# tar -zxf spark-2.4.3-bin-hadoop2.7.tgz -C ../soft/
export SPARK_HOME=/home/newland/soft/spark-2.4.3-bin-hadoop2.7
export PATH=$PATH:$SPARK_HOME/bin
刷新配置文件
[root@master tools]# source /etc/profile
进入 sprak 安装路径下的 conf 目录，配置 spark 集群
[root@master conf]# vi slaves
master slave1 slave2

2. Spark 的测试

```
# 启动 spark
[root@master spark-2.4.3-bin-hadoop2.7]# bin/spark-shell
```

Spark context Web UI available at http://master:4040

Spark context available as 'sc' (master = local[*],app id = local-1612592083561).

Spark session available as 'spark'.

Welcome to

```
      ____              __
     / __/__  ___ _____/ /__
    _\ \/ _ \/ _ `/ __/  '_/
   /___/ .__/\_,_/_/ /_/\_\   version 2.4.3
      /_/
```

Using Scala version 2.11.12 (Java HotSpot(TM)64—Bit Server VM,Java 1.8.0_121)

Type in expressions to have them evaluated.

```
scala> 10+10
```

res0: Int = 20

```
# 读取本地文件
scala> val test=sc.textFile("file:/home/data/test.txt")
```

test: org.apache.spark.rdd.RDD[String] = file:/home/data/test.txt MapPartitionsRDD[1] at textFile at <console>:24

```
scala> test.count
```

res1: Long = 3

```
# 读取 HDFS 文件
[root@master hadoop-2.7.2]# bin/hdfs dfs -put /home/data/test.txt /input
scala> val tf=sc.textFile("hdfs://master:8020/input/")
```

```
tf: org.apache.spark.rdd.RDD[String] = hdfs://master:8020/input/
MapPartitionsRDD[3] at textFile at <console>:24
scala> tf.count
res2: Long = 3
```

```
# 词频统计
scala> tf.flatMap(x =>x.split(" ")).map(x =>(x,1)).reduceByKey(_+_).collect
res1: Array[(String,Int)] = Array((zookeeper,1),(hello,3),(spark,1),(hadoop,1))
```

3. 集群启动方式

修改 slaves 文件：

```
[root@master spark-2.4.3-bin-hadoop2.7]# vi conf/slaves
slave1
slave2
```

集群拷贝：

```
[root@master soft]# scp -r spark-2.4.3-bin-hadoop2.7/ slave1:/home/newland/soft
[root@master soft]# scp -r spark-2.4.3-bin-hadoop2.7/ slave2:/home/newland/soft
```

在 sbin 目录下的 spark-config.sh 文件末尾添加 JAVA_HOME 的索引：

```
export JAVA_HOME=/home/newland/soft/jdk1.80_121
```

启动 spark。

```
[root@master spark-2.4.3-bin-hadoop2.7]# sbin/start-all.sh
org.apache.spark.deploy.master.Master running as process 15610. Stop it first.
slave1: starting org.apache.spark.deploy.worker.Worker,logging to /home/newland/
soft/spark-2.4.3-bin-hadoop2.7/logs/spark-root-org.apache.spark.deploy.worker.Worker-
1-slave1.out
slave2: starting org.apache.spark.deploy.worker.Worker,logging to /home/newland/
```

soft/spark-2.4.3-bin-hadoop2.7/logs/spark-root-org.apache.spark.deploy.worker.Worker-1-slave2.out
网页查看器，接口 8080：

查看结果如图 4-9 所示。

图 4-9　Spark 的 Web 界面

查看进程
[root@master spark-2.4.3-bin-hadoop2.7]# jps
16560 Jps 13992 NameNode 14152 DataNode 15610 Master
#slave1 端查看进程
[root@slave1 spark-2.4.3-bin-hadoop2.7]# jps
9075　ResourceManager 26742　Jps 12791　Datanode 9195　NodeManager 26668　Worker
集群计算 wordcount
scala> sc.textFile("hdfs://master:8020/input").flatMap(x =>x.split(" ")).map(x =>(x,1)).reduceByKey(_+_).collect

```
res0: Array[(String,Int)] = Array((zookeeper,1),(hello,3),(spark,1),(hadoop,1))
```

4. Spark 架构

Spark 在集群上作为独立的进程来运行，在 main 程序中通过 SparkContext 来协调（称之为 driver 程序）。在集群上，SparkContext 可以连接至 Cluster Manager，分配相应的资源。连接之后，Spark 获得节点的 Executor，这些进程可以运行计算并且为应用存储数据。接下来，它将发送相应代码至 Executor。最终 SparkContex 将发送 Task 到 Executor 运行，Spark 架构关系图如图 4-10 所示。

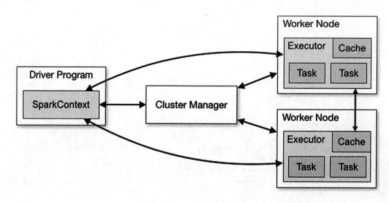

图 4-10　Spark 架构关系图

5. 在 IDEA 环境下进行作业开发

```
# pom.xml 配置
# 引入 scala 配置
<dependency>
    <groupId>org.scala-lang</groupId>
    <artifactId>scala-library</artifactId>
    <version>${scala.version}</version>
</dependency>
<dependency>
    <groupId>org.apache.hadoop</groupId>
        <artifactId>hadoop-client</artifactId>
```

```xml
        <version>2.7.2</version>
    </dependency>
    <dependency>
        <groupId>org.apache.spark</groupId>
        <artifactId>spark-core_2.12</artifactId>
        <version>2.4.3</version>
    </dependency>
```

```scala
// 代码实现
package com.test.demo
import org.apache.spark.{SparkConf,SparkContext}
object WordCount {
    def main(args: Array[String]): Unit = {
        val sparkConf = new SparkConf
        sparkConf.setAppName("WordCount")
        val sc = new SparkContext(sparkConf)
        val textFile = sc.textFile(args(0))
        val wordCounts = textFile.flatMap(line => line.split(" ")).map((word => (word,1))).reduceByKey(_ + _)
        // 将执行结果输出到控制台上，便于观察
        wordCounts.collect.foreach(println)
        // 将数据输出到文件系统
        wordCounts.saveAsTextFile(args(1))
        sc.stop()
    }
}
```

```
# 打包实现
[root@master hadoop-2.7.2]# bin/hdfs dfs -ls /input
```

```
Found 1 items
-rw-r--r-- 3 root supergroup 41 2021-02-07 10:39 /input/words
[root@master spark-2.4.3-bin-hadoop2.7]# spark-submit --class com.test.demo.
WordCount --master spark://master:7077 /home/data/jars/mysparkdemo.jar hdfs://
master:8020/input/words/ /home/data/myspark
(zookeeper,1)
(hello,3)
(spark,1)
(hadoop,1)
```

（二）Flink 完全分布式集群安装

一般来讲，Flink 的安装有三种方式。

· Local：本地单机模式，学习测试使用。

· Standalone：独立集群模式，Flink 自带集群，学习测试使用。

· Flink On YARN：计算机资源统一由 Hadoop YARN 管理，生产模式使用，如图 4-11 所示。

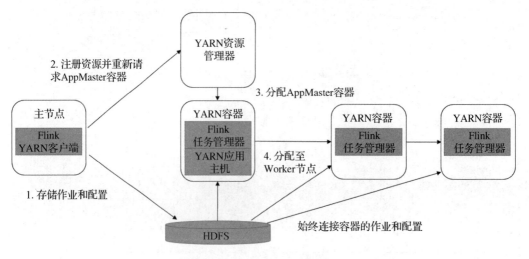

图 4-11　Flink 架构图

Flink 支持完全分布式模式，这时它由一个 master 节点和多个 worker 节点构成。下面，我们将搭建一个三个节点的 Flink 集群。

Flink 完全分布式集群搭建步骤如下：

·配置从 master 到 worker 节点的 SSH 免密登录，并保持保节点上相同的目录结构。

·Flink 要求在主节点和所有工作节点上设置 JAVA_HOME 环境变量，并指向 Java 安装的目录。

·下载 Flink 安装包。下载地址为 https://flink.apache.org/downloads.html。

·将下载的最新版本的 Flink 压缩包拷贝到 master 节点的"~/pkg/"目录下，并解压缩到"~/soft/"目录下，步骤如下：

```
[newland@master ~]$ tar xzf ~/pkg/flink-1.10.0-bin-scala_2.11.tgz-c ~s/soft/
[newland@master ~]$ cd ~/soft/
[newland@master ~]$ cd flink-1.10.0-bin-scala_2.11
```

·在 master 节点上配置 Flink。所有的配置都在"conf/flink-conf.yaml"文件中。在实际应用中，以下几个配置项是非常重要的：

```
jobmanager.rpc.address: master  // 指向 master 节点
jobmanager.rpc.port: 6123
jobmanager.heap.size: 1024m    // 分配的最大主内存量
taskmanager.memory.process.size: 1024m
taskmanager.numberOfTaskSlots: 2
parallelism.default: 1
```

·每个节点下的 Flink 必须保持相同的目录内容。因此将配置好的 Flink 拷贝到集群中的另外两个节点 slave1 和 slave2，使用如下的命令：

```
[newland@master ~]$ scp -r ~/soft/flink-1.10.0-bin-scala_2.11 newland@slave1:~/soft/

[newland@master ~]$ scp -r ~/soft/flink-1.10.0-bin-scala_2.11 newland@slave2:~/soft/
```

• 最后，必须提供集群中所有用作 worker 节点的列表。在"conf/slaves"文件中添加每个 slave 节点信息（IP 或 hostname 均可），每个节点一行，如下所示。每个工作节点稍后将运行一个 TaskManager：

```
master
slave1
slave2
```

• 启动集群：

```
[newland@master flink-1.10.0-bin-scala_2.11]$ ./bin/start-cluster.sh
```

• 执行 Flink 自带的流处理程序 – 单词计数。启动 netcat 服务器，运行在 9000 端口：

```
[newland@master flink-1.10.0-bin-scala_2.11]$ nc -l 9000
```

在另一个终端，启动 Flink 示例程序，监听 netcat 服务器。它将从套接字中读取文本，并每 5 秒打印前 5 秒内每个不同单词出现的次数，即处理时间的滚动窗口：

```
[newland@master flink-1.10.0-bin-scala_2.11]$ ./bin/flink run examples/streaming/SocketWindowWordCount.jar --hostname master --port 9000
```

回到第一个终端窗口，在正在运行的 netcat 终端窗口，随意输入一些内容，单词之间用空格分隔，Flink 将会处理它：

```
good good study
day day up
```

分别使用 ssh 登录 master，slave1 和 slave2 节点，并执行以下命令，查看日志中的输出：

```
[newland@master flink-1.10.0-bin-scala_2.11]$ tail -f log/flink-*-taskexecutor-*.out
    good : 2
    study : 1
    day : 2
    up : 1
```

第二节 作业资源管理与应用

Apache Hadoop YARN（yet another resource negotiator，另一种资源协调者）是 Hadoop 通用资源管理系统。它可为上层应用提供统一的资源管理和调度，为集群在利用率、资源统一管理和数据共享等方面带来了巨大优势。

一、掌握计算资源分配原理

在 YARN 出现之前，一个集群就有一个计算框架，比如 Hadoop 是一个集群、Spark 是一个集群、HBase 是一个集群，造成各个集群管理复杂，资源的利用率很低，各个集群不能共享资源。

随着数据量的爆发，跨集群之间的数据移动不仅要花费很长的时间，且硬件成本也会开销很大；而共享集群模式可以让多种框架共享数据和硬件资源，将大大减少移动数据带来的成本。移动计算要比移动数据效果更好，在作业进行任务调度时，将作业尽可能分配到数据所在的节点上运行，减少数据在网络上进行传输带来的成本。

（一）YARN 架构

YARN 由 Client, ResourceManager, NodeManager 组成；采用 Master/Slave 结构，一个 ResourceManager 对应多个 NodeManager，其架构如图 4-12 所示。

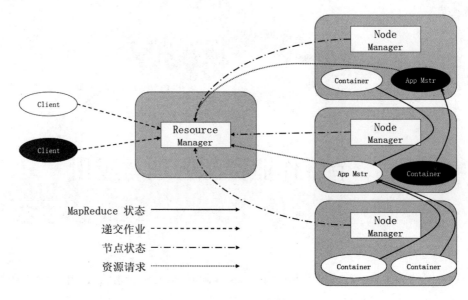

图 4-12　YARN 架构图

Client 向 ResourceManager 提交任务、终止任务等。

AppMaster 由对应的应用程序完成，每个应用程序对应一个 AppMaster，AppMaster 向 ResourceManager 申请资源，用于在 NodeManager 上启动相应的任务。

NodeManager 通过心跳信息向 ResourceManager 汇报 NodeManager 健康状况、任务执行情况，并领取任务。

MapTask 对应的是 MapReduce 作业启动时产生的 Map 任务。

(二) YARN 核心组件功能

1. ResourceManager

其内部主要有两个组件。

·Scheduler：这个组件完全是插拔式的，用户可以根据自己的需求实现不同的调度器，目前 YARN 提供了 FIFO（first input first output，先进先出）、容量以及公平调度器。这个组件的唯一功能就是给提交到集群的应用程序分配资源，并且对可用的资源和运行的队列进行限制。Scheduler 并不对作业进行监控。

·ApplicationsManager：这个组件用于管理整个集群应用程序的 ApplicationMaster，负责接收应用程序的提交；为 ApplicationMaster 启动提供资源；监控应用程序的运行进度以及在应用程序出现故障时重启它。

2. NodeManager

NodeManager 可以理解为 YARN 中每个节点上的代理，它管理 Hadoop 集群中单个计算节点，根据相关的设置来启动 Container。NodeManager 会定期向 ResourceManager 发送心跳信息来更新其健康状态。同时其也会监控 Container 的生命周期管理，监控每个 Container 的资源使用（如内存、CPU 等）情况，追踪节点健康状况、管理日志和不同应用程序用到的附属服务（auxiliary service）。

3. ApplicationMaster

ApplicationMaster 是应用程序级别的，每个 ApplicationMaster 管理运行在 YARN 上的应用程序。YARN 将 ApplicationMaster 看作是第三方组件，ApplicationMaster 负责与 ResourceManager 的 scheduler 协商资源，并且与 NodeManager 通信来运行相应 task。ResourceManager 为 ApplicationMaster 分配容器，这些容器将会用来运行 task。ApplicationMaster 也会追踪应用程序的状态，监控容器的运行进度。当容器运行完成，ApplicationMaster 将会向 ResourceManager 注销这个容器；如果整个作业运行完成，其也会向 ResourceManager 注销自己，这样资源就可以分配给其他的应用程序使用了。

4. Container

Container 是与特定节点绑定的，其包含了内存、CPU、磁盘等逻辑资源。不过在现在的容器实现中，这些资源只包括了内存和 CPU。容器由 ResourceManager 的 scheduler 服务动态分配的资源构成。容器授予 ApplicationMaster 使用特定主机的特定数量资源的权限。ApplicationMaster 也是在容器中运行的，其在应用程序分配的第一个容器中运行。

（三）YARN 工作原理

1. 执行步骤

YARN 的执行步骤原理如图 4-13 所示。

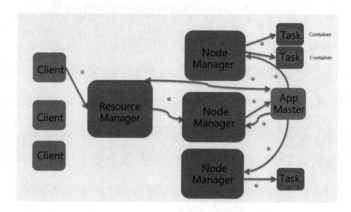

图 4-13　YARN 的执行步骤原理

（1）客户端向 YARN 中提交应用作业，包括 AppMaster、用户进程等。

（2）ResourceManager 为作业分配第一个 Container，并与相应的 NodeManager 通信，要求它在这个 Container 中启动该作业的 AppMaster。

（3）AppMastert 先向 ResourceManager 注册，客户端可通过 ResourceManager 查询作业的运行状态；然后为各个任务申请资源并监控任务的运行状态，直到结束。然后，重复前面步骤。

（4）AppMaster 采用轮询方式通过 RPC 请求向 ResourceManager 申请获取资源。

（5）一旦 AppMaster 申请到资源后，便与相应的 NodeManager 通信，要求其启动任务。

（6）NodeManager 启动任务。

（7）各个任务通过 RPC 协议向 AppMaster 汇报自己的状态和进程，以便 AppMaster 随时掌握各个任务的运行状态，从而可以在任务失败时重新启动任务；在作业运行过程中，用户可随时通过 RPC 向 AppMaster 查询作业当前运行状态。

（8）作业完成后，AppMaster 向 ResourceManager 注销并关闭自己。

2. YARN 容错性

（1）ResourceManager：基于 Zookeeper 实现 HA，避免单点故障。

（2）NodeManager：执行失败后，ResourceManager 将失败任务告诉对应的 AppMaster，由 AppMaster 决定如何处理失败的任务。

（3）AppMaster：执行失败后，由 ResourceManager 负责重启；AppMaster 需处理内部的容错问题，会保存已经运行完成的 Task，重启后无须重新运行。

3. YARN 设计目标

YARN 的设计目标为通用的统一的资源管理系统。要求做到：

（1）同时运行长应用程序（长时间运行的程序：Service，HTTP Server）。

（2）同时运行短应用程序（小时、分、秒级运行并结束的程序：MR job，Spark job 等）。

（3）打造以 YARN 为核心的生态系统，如图 4-14 所示。

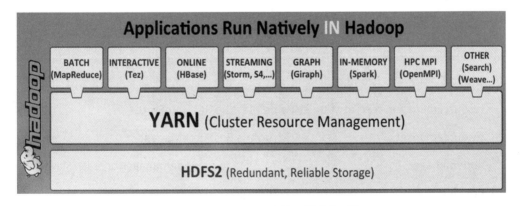

图 4-14　以 YARN 为核心的生态系统

二、掌握计算队列资源分配原理

（一）配置计算队列模式及队列资源

根据之前的基本配置，启动HDFS，查看进程（master主机配置的是HDFS，slave1配置的是ResourceManager和NodeManager）：

启动 hdfs，并查看进程：
[root@master hadoop-2.7.2]# sbin/start-dfs.sh
[root@master hadoop-2.7.2]# jps
18548 DataNode
17629 NodeManager
18397 NameNode
[root@slave1 hadoop-2.7.2]# sbin/hadoop-daemon.sh start secondarynamenode
[root@slave1 hadoop-2.7.2]# jps
25156 Jps
24922 SecondaryNameNode
25035 DataNode
列出所有 bin/yarn 的进程：
[root@slave1 hadoop-2.7.2]# bin/yarn
Usage: yarn [--config confdir] [COMMAND | CLASSNAME]
CLASSNAME   run the class named CLASSNAME
or
where COMMAND is one of:
resourcemanager -format-state-store deletes the RMStateStore
resourcemanager   run the ResourceManager
nodemanager   run a nodemanager on each slave
timelineserver   run the timeline server
rmadmin   admin tools

sharedcachemanager	run the SharedCacheManager daemon
scmadmin	SharedCacheManager admin tools
version	print the version
jar <jar>	run a jar file
application	prints application(s) report/kill application
applicationattempt	prints applicationattempt(s) report
container	prints container(s) report
node	prints node report(s)
queue	prints queue information
logs	dump containers logs
classpath	prints the class path needed to get the Hadoop jar and the required libraries
cluster	prints cluster information

```
# 后台启动 yarn 相关操作，并查看界面：
[root@slave1 hadoop-2.7.2]# bin/yarn resourcemanager &
[root@slave1 hadoop-2.7.2]# jps
```

24325 ResourceManager

24922 SecondaryNameNode

25418 Jps

25035 DataNode

24446 NodeManager

在浏览器中查看 YARN 的显示，如图 4-15 所示。

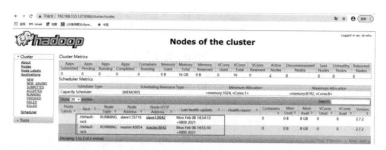

图 4-15　YARN 的 Web 界面

```
# 启动 nodemanager
[root@slave1 hadoop-2.7.2]# bin/yarn nodemanager &
```

运行一个作业来查看进程：

```
# 运行 wordcount 命令
[root@slave1 hadoop-2.7.2]# bin/yarn  jar share/hadoop/mapreduce/hadoop-mapreduce-examples-2.7.2.jar wordcount /input/words /out02
```

命令执行结果如图 4-16、图 4-17、图 4-18 所示。

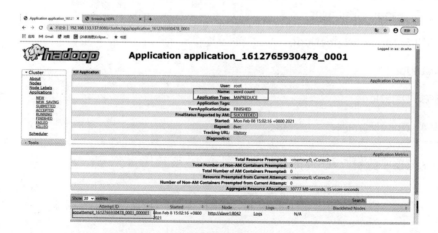

图 4-16　Wordcount 命令执行结果 1

图 4-17　Wordcount 命令执行结果 2

Browse Directory

Permission	Owner	Group	Size	Last Modified	Replication	Block Size	Name
drwxr-xr-x	root	supergroup	0 B	2021/1/28 下午4:20:42	0	0 B	har
drwxr-xr-x	root	supergroup	0 B	2021/1/30 下午12:36:06	0	0 B	hbase
drwxr-xr-x	root	supergroup	0 B	2021/2/7 上午10:39:12	0	0 B	input
drwxr-xr-x	root	supergroup	0 B	2021/1/28 下午4:06:39	0	0 B	myarchive
drwxr-xr-x	root	supergroup	0 B	2021/1/28 下午1:40:13	0	0 B	newland
drwxr-xr-x	root	supergroup	0 B	2021/1/28 上午10:17:30	0	0 B	out
drwxr-xr-x	root	supergroup	0 B	2021/2/8 下午3:03:42	0	0 B	out02
drwxr-xr-x	root	supergroup	0 B	2021/2/6 下午12:30:49	0	0 B	out3
-rw-r--r--	root	supergroup	1.99 KB	2021/1/28 上午10:16:55	3	128 MB	profile
drwxrwx---	root	supergroup	0 B	2021/1/30 下午1:45:15	0	0 B	tmp
drwxr-xr-x	root	supergroup	0 B	2021/2/3 下午1:15:08	0	0 B	upload2
drwx------	root	supergroup	0 B	2021/1/30 下午2:53:18	0	0 B	user
-rw-r--r--	root	supergroup	41 B	2021/2/6 下午12:00:14	3	128 MB	words

图 4-18　WorkCount 命令执行结果 3

```
# 查看所有节点：
[root@slave1 hadoop-2.7.2]# bin/yarn node -list

21/02/08  15:09:02 INFO client.RMProxy: Connecting to ResourceManager at slave1/87.7.15.8:8032
Total Nodes:2
        Node-Id       Node-State    Node-Http-Address    Number-of-Running-Containers
        slave1:35716   RUNNING       slave1:8042            0
        master:43854   RUNNING       master:8042            0
```

在 ResourceManager 中配置所要使用的调度器，默认配置是 FIFO Scheduler。如果想显式配置为 Capacity Scheduler，需要修改 conf/yarn-site.xml，内容如下：

```
    <property>
        <name>yarn.resourcemanager.scheduler.class</name>
        <value>
org.apache.hadoop.yarn.server.resourcemanager.scheduler.capacity.CapacityScheduler
        </value>
    </property>
```

执行刷新队列命令：

[root@slave1 hadoop-2.7.2]# bin/yarn rmadmin -refreshQueues

21/02/08 15:15:56 INFO client.RMProxy: Connecting to ResourceManager at slave1/87.7.15.8:8033

队列配置可以在 etc/hadoop/capacity-scheduler.xml 文件中看到：

查看队列配置：

```
<property>
    <name>yarn.scheduler.capacity.root.queues</name>
    <value>default</value>
    <description>
      The queues at the this level (root is the root queue).
    </description>
</property>
```

这里的配置项格式应该是 yarn.scheduler.capacity.queues，也就是这里的 root 是一个 queue-path，因为配置的 value 是 default，所以 root 这个 queue-path 只有一个队列 default。有关 default 的具体配置都类似如下的配置项：

· yarn.scheduler.capacity.root.default.capacity：一个百分比的值，表示占用整个集群的百分之多少比例的资源，这个 queue-path 下所有的 capacity 之和是 100。

· yarn.scheduler.capacity.root.default.user-limit-factor：每个用户的低保百分比，比如设置为 1，则表示无论有多少用户在跑任务，每个用户占用资源最低不会少于 1% 的资源。

· yarn.scheduler.capacity.root.default.maximum-capacity：弹性设置，表示最大时占用多少比例资源。

· yarn.scheduler.capacity.root.default.state：队列状态，可以是 RUNNING 或 STOPPED。

· yarn.scheduler.capacity.root.default.acl_submit_applications：哪些用户或

用户组可以提交任务。

· yarn.scheduler.capacity.root.default.acl_administer_queue：哪些用户或用户组可以管理队列。

查看界面队列消息显示如图 4-19 所示。

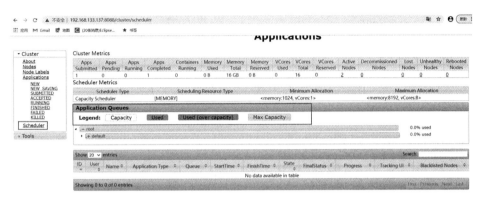

图 4-19　查看界面队列消息显示

（二）监控作业执行情况，启动作业日志监控

查看日志监控，就要修改配置文件 etc/hadoop/yarn-site.xml：

```
# 修改 yarn-site.xml：
# 开启日志：

  <property>
    <name>yarn.log-aggregation-enable</name>
    <value>true</value>
  </property>

# 日志管理：

  <property>
    <name>yarn.log-aggregation.retain-seconds</name>
    <value>604800</value>
  </property>
  <property>
    <name>yarn.nodemanager.resource.memory-mb</name>
```

```
        <value>8192</value>
    </property>
    <property>
        <name>yarn.nodemanager.resource.cpu-vcores</name>
        <value>8</value>
    </property>
```

如果要查看日志监控,必须启动 historyserver 进程:

```
# 启动 historyserver 历史服务:
[root@slave1 hadoop-2.7.2]# sbin/mr-jobhistory-daemon.sh start historyserver
# 启动 proxyserver 代理服务:
[root@slave1 hadoop-2.7.2]# sbin/yarn-daemon.sh start proxyserver
[root@slave1 hadoop-2.7.2]# jps
```

10082 NodeManager

9971 ResourceManager

10435 WebAppProxyServer

9847 SecondaryNameNode

9737 DataNode

20890 JobHistoryServer

10492 Jps

启动 wordcount 命令,查看进程:

```
# 启动进程查看:
[root@slave1 hadoop-2.7.2]# bin/hadoop jar share/hadoop/mapreduce/hadoop-mapreduce-examples-2.7.2.jar wordcount /input/words /out
```

界面日志信息如图 4-20 所示。

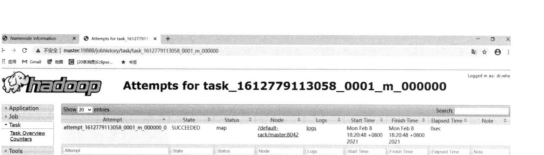

图 4-20　界面日志信息

本地日志信息接口为 8042，如图 4-21 所示。

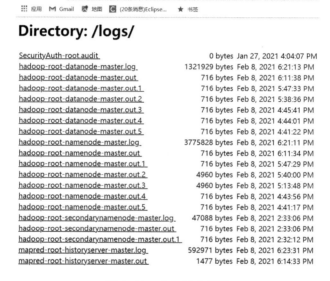

图 4-21　本地日志信息

第三节　作业开发平台部署与应用

Hue 是一个能够与 Apache Hadoop 交互的 Web 应用程序。一个开源的 Apache Hadoop UI 可以通过 Hue 来查看管理 HDFS 上面的文件（甚至修改文件内容和删除文件等），通过 Hue 从界面编写 sql 语句对 Hive 进行查询，并使用图表直观展示查询结果；可以与 Oozie 集成，用于创建和监控工作流程等。

特性：它是一个 HDFS 的文件浏览器、一个 MapReduce/YARN 的 Job 浏览器、一个 HBase 的浏览器，以及 Hive、Pig、Cloudera Impala 和 Sqoop2 的查询编辑器。它还附带了一个 Oozie 的应用程序（用于创建和监控工作流程），以及一个 Zookeeper 浏览器和 SDK。

演变：Hue 是一个开源的 Apache Hadoop UI 系统，由 Cloudera Desktop 演化而来，最后 Cloudera 公司将其贡献给 Apache 基金会的 Hadoop 社区。它是基于 Python Web 框架的 Django 实现的。

一、作业开发环境的配置方法

（一）解压安装包

```
[root@master pkg]# tar -zxf hue-3.9.0-cdh5.14.2 -C ../soft/
```

安装编译需要的依赖包。

[root@master pkg]# yum install -y assciidoc cyrus-sasl-devel cyrus-sasl-gssapi cyrus-sasl-plain gcc gcc-c++ krb-devel libffi-devel libxml2-devel libxslt-devel make openldap-devel python-devel sqlite-devel gmp-devel

（二）修改 master 与 slave1 和 slave2 的 hdfs 配置

[root@master hadoop]# vi core-site.xml

  <property>

    <name>hadoop.proxyuser.root.hosts</name>

    <value>*</value>

  </property>

  <property>

    <name>hadoop.proxyuser.root.groups</name>

    <value>*</value>

  </property>

[root@master hadoop]# vi hdfs-site.xml

  <property>

    <name>dfs.webhdfs.enabled</name>

    <value>true</value>

  </property>

（三）配置 hue.ini

[root@master /]# cd /home/newland/soft/hue-3.9.0-cdh5.14.2/desktop/conf

[root@master conf]# vim hue.ini

hdfs 与 hue 集成

fs_defaultfs=hdfs://master:8020

webhdfs_url=http://master:50070/webhdfs/v1

```
hadoop_conf_dir=//home/softwares/hadoop-2.7.2/etc/hadoop

hadoop_hdfs_home=/home/softwares/hadoop-2.7.2

hadoop_bin=/home/softwares/hadoop-2.7.2/bin


# yarn 与 hue 集成

resourcemanager_host=slave1    ###yarn 安装在了 slave1 节点上

resourcemanager_port=8032

submit_to=True

resourcemanager_api_url=http://slave1:8088

history_server_api_url=http://master:19888
```

（四）编译及启动

编译 hue：

```
[root@master conf]# cd /home/newland/soft/hue-3.9.0-cdh5.14.2

[root@master hue-3.9.0-cdh5.14.2]# make apps
```

启动 hue 进程，查看 hadoop 是否与 Hue 集成成功：

```
[root@master hue-3.9.0-cdh5.14.0]# build/env/bin/supervisor
```

查看界面：

页面访问路径为 http://master:8888。

第一次访问的时候，需要设置超级管理员用户和密码，如图 4-22 所示。

用户名与密码均输入 admin，点击 create Account 即可进入浏览器界面。启动 HDFS 和 YARN。

图 4-22 Hue 登录窗口

```
[root@master hadoop-2.7.2]# sbin/start-dfs.sh
[root@slave1 hadoop-2.7.2]# sbin/start-yarn.sh
```

Hue 浏览文件界面如图 4-23 所示。

图 4-23　Hue 浏览文件界面

Hue 可以在线编辑 HDFS 上的文件，如图 4-24 所示。

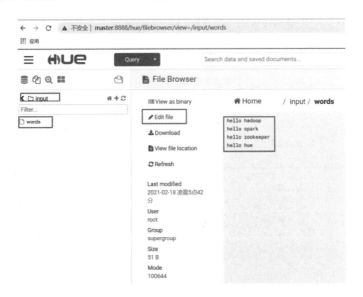

图 4-24　Hue 在线展示 HDFS 文件界面

在线编辑（见图 4-25）后点击 edit file。

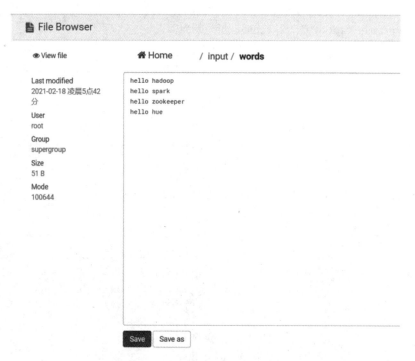

图 4-25　Hue 在线编辑 HDFS 文件界面

修改完文件后，点击 save 即可完成文件的修改。也可以对 HDFS 文件进行各项操作，如图 4-26 所示。

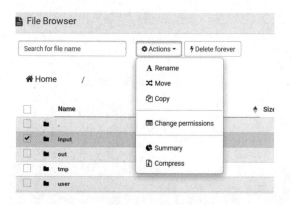

图 4-26　Hue 对 HDFS 文件的操作

二、掌握脚本开发工具的应用方法

可以使用 HUE 工具开发数据作业，首先启动 YARN，然后提交一个作业：

wordcount 作业

[root@master hadoop-2.7.2]# bin/yarn jar share/hadoop/mapreduce/hadoop-mapreduce-examples-2.7.2.jar wordcount /input/words /out

作业执行信息如图 4-27 所示。

```
21/02/18 14:18:54 INFO client.RMProxy: Connecting to ResourceManager at slave1/87.7.15.8:8032
21/02/18 14:18:55 INFO input.FileInputFormat: Total input paths to process : 1
21/02/18 14:18:55 INFO mapreduce.JobSubmitter: number of splits:1
21/02/18 14:18:55 INFO mapreduce.JobSubmitter: Submitting tokens for job: job_1613617138057_0001
21/02/18 14:18:56 INFO impl.YarnClientImpl: Submitted application application_1613617138057_0001
21/02/18 14:18:56 INFO mapreduce.Job: The url to track the job: http://slave1:8888/proxy/application_1613617138057_0001/
21/02/18 14:18:56 INFO mapreduce.Job: Running job: job_1613617138057_0001
21/02/18 14:19:03 INFO mapreduce.Job: Job job_1613617138057_0001 running in uber mode : true
21/02/18 14:19:03 INFO mapreduce.Job:  map 100% reduce 0%
21/02/18 14:19:05 INFO mapreduce.Job:  map 100% reduce 100%
21/02/18 14:19:05 INFO mapreduce.Job: Job job_1613617138057_0001 completed successfully
21/02/18 14:19:05 INFO mapreduce.Job: Counters: 52
```

图 4-27　作业执行信息

Hue 查看作业情况如图 4-28 所示。

图 4-28　Hue 查看作业情况

Hue 也可以查看具体信息，如图 4-29 所示。

图 4-29　Hue 查看具体信息

大数据工程技术人员——大数据基础技术

第四节 作业调度系统部署与应用

一个完整的数据分析系统通常都是由大量任务单元组成的，包含有 shell 脚本程序、Java 程序、MapReduce 程序、Hive 脚本等，各任务单元之间存在时间先后及前后依赖关系。为了更好地组织起这样的复杂任务，需要一个工作流调度系统来调度执行。假设作业场景有这样一个需求，某个业务系统每天产生海量原始数据，业务系统每天都要对这些数据进行处理。

这个业务场景处理步骤如下：

· 通过 Hadoop 先将原始数据同步到 HDFS 上。

· 借助 MapReduce 计算框架对原始数据进行转换，生成的数据以分区表的形式存储到多张 Hive 表中。

· 对 Hive 中多个表的数据进行 join 处理，得到明细数据 Hive 大表。

· 将明细数据进行复杂的统计分析，得到结果报表信息。

· 将统计分析得到的结果数据同步到业务系统中，供业务使用。

一、作业调度原理

目前市面上有多种作业调度处理软件，比较流行的有 Azkaban、Oozie、Cascading 和 Hamake，下面简要介绍。

（一）Azkaban 概述及特点

Azkaban 是由 Linkedin 开源的一个批量工作流任务调度器。用于在一个工作流内以一个特定的顺序运行一组工作和流程。Azkaban 定义了一种 Key-Value 文件格式来建立任务之间的依赖关系，并提供一个易于使用的 web 用户界面维护和跟踪所建立的工作流。它有如下功能特点：

- 与 Hadoop 兼容。
- 基于 Web 用户界面。
- 方便上传工作流。
- 方便设置任务之间的关系。
- 调度工作流。
- 认证/授权（权限的工作）。
- 能够终止并重新启动工作流。
- 模块化设计和可插拔的插件机制。

（二）常见的工作流系统对比

在 Hadoop 领域，常见的工作流调度器有 Oozie，Azkaban，Cascading，Hamake 等。表 4-1 对上述四种 Hadoop 工作流调度器的关键特性进行了对比，尽管这些工作流调度器解决的需求场景大致相同，但在设计理念、目标用户、应用场景等方面还是存在显著区别。在进行技术选型的时候，可以参考这些常见工作流调度器。

表 4-1　　　　　　　　　　常见工作流调度器对比

特性	Hamake	Oozie	Azkaban	Cascading
工作流描述语言	XML	XML（xPDL based）	text file with key/value pairs	Java API
依赖机制	data-driven	explicit	explicit	explicit
是否要 Web 容器	No	Yes	Yes	No
进度跟踪	console/log messages	web page	web page	web page

续表

特性	Hamake	Oozie	Azkaban	Cascading
Hadoop job 调度支持	no	yes	yes	yes
运行模式	command line utility	daemon	daemon	API
Pig 支持	yes	yes	yes	yes
事件通知	no	yes	yes	yes
需要安装	no	yes	yes	no
支持的 Hadoop 版本	0.18+	0.20+	Current unknown	0.18+
重试支持	no	Workflownode evel	yes	yes
运行任意命令	yes	yes	yes	yes
Amazon EMR 支持	yes	no	Currently unknown	yes

二、安装并配置 Azkaban

Azkaban 包含如下三个组件：MySQL 服务器、Web 服务器和 Executor 服务器，其中 MySQL 用于存储一些项目信息、执行计划、执行情况等信息；Web 服务器使用 jetty 对外提供 Web 服务，用户可以通过 Web 页面方便管理；Executor 服务器负责具体工作流的提交和执行，可以启动多个执行服务器，通过 MySQL 数据库来协调任务的执行。Azkaban 组件关系图如图 4-30 所示。

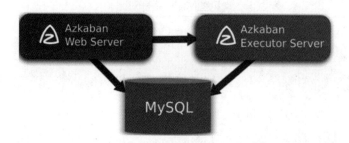

图 4-30　Azkaban 组件关系图

（一）Azkaban Web 服务器解压

解压 azkaban-3.90.0.tar.gz 到 soft 目录：
[root@master soft]# cd azkaban-3.90.0/
[root@master azkaban-3.90.0]# pwd
/home/newland/soft/azkaban-3.90.0
进入到 azkaban 目录进行编译：
[root@master softwares]# cd azkaban-3.90.0/
[root@master azkaban-3.90.0]# ./gradlew build installDist -x test
BUILD SUCCESSFUL in 5m 5s
85 actionable tasks: 18 executed, 67 up-to-data

将下面四个文件解压缩，文件名如下：

azkaban-3.90.0/azkaban-web-server/build/distributions/azkaban-web-server-3.90.0-SNAPSHOT.tar.gz

azkaban-3.90.0/azkaban-exec-server/build/distributions/azkaban-exec-server-3.90.0-SNAPSHOT.tar.gz

azkaban-3.90.0/azkaban-solo-server/build/distributions/azkaban-solo-server-0.1.0-SNAPSHOT.tar.gz

azkaban-3.90.0/azkaban-db/build/distributions/azkaban-db-0.1.0-SNAPSHOT.tar.gz

创建目录提取文件（四个）：
[root@master azkaban-3.90.0]# mkdir -p data/Azkaban
[root@master azkaban]# cp ../../azkaban-db/build/distributions/azkaban-db-0.1.0-SNAPSHOT.tar.gz ./
[root@master azkaban]# cp ../../azkaban-exec-server/build/distributions/azkaban-exec-server-0.1.0-SNAPSHOT.tar.gz ./

[root@master azkaban]# cp ../../azkaban-solo-server/build/distributions/azkaban-solo-server-0.1.0-SNAPSHOT.tar.gz ./

[root@master azkaban]# cp ../../azkaban-web-server/build/distributions/azkaban-web-server-0.1.0-SNAPSHOT.tar.gz ./

[root@master azkaban]# ls

azkaban-db-0.1.0-SNAPSHOT.tar.gz   azkaban-solo-server-0.1.0-SNAPSHOT.tar.gz

azkaban-exec-server-0.1.0-SNAPSHOT.tar.gz azkaban-web-server-0.1.0-SNAPSHOT.tar.gz

解压全部文件：

[root@master azkaban]# tar -zxf azkaban-db-0.1.0-SNAPSHOT.tar.gz

[root@master azkaban]# tar -zxf azkaban-solo-server-0.1.0-SNAPSHOT.tar.gz

[root@master azkaban]# tar -zxf azkaban-exec-server-0.1.0-SNAPSHOT.tar.gz

[root@master azkaban]# tar -zxf azkaban-web-server-0.1.0-SNAPSHOT.tar.gz

创建数据库并导入数据 SQL：

mysql> use azkaban;

Database changed

mysql> SOURCE /home/newland/soft/azkaban-3.90.0/data/azkaban/azkaban-db-0.1.0-SNAPSHOT/create-all-sql-0.1.0-SNAPSHOT.sql;

mysql> show tables;

+----------------------------

| Tables_in_azkaban

+----------------------------

| QRTZ_BLOB_TRIGGERS

| QRTZ_CALENDARS

| QRTZ_CRON_TRIGGERS

| QRTZ_FIRED_TRIGGERS

| QRTZ_JOB_DETAILS

| QRTZ_LOCKS

| QRTZ_PAUSED_TRIGGERS_GRPS

| QRTZ_SCHEDULER_STATE

| QRTZ_SIMPLE_TRIGGERS

| QRTZ_SIMPROP_TRIGGERS

| QRTZ_TRIGGERS

| active_executing_flows

| active_sla

(二)配置服务器

data/azkaban 目录下执行命令：keytool –keystore keystore –alias jetty –genkey –keyalg RSA 创建 SSL 配置。

输入 keystore 密码：

再次输入新密码：

您的名字与姓氏是什么？

　[Unknown]:

您的组织单位名称是什么？

　[Unknown]:

您的组织名称是什么？

　[Unknown]:

您所在的城市或区域名称是什么？

　[Unknown]:

您所在的州或省份名称是什么？

　[Unknown]:

该单位的两字母国家代码是什么？

　[Unknown]: CN

CN=Unknown,OU=Unknown,O=Unknown,L=Unknown,ST=Unknown,C=CN 正确吗？

　［否］: y

输入 <jetty> 的主密码：

（如果和 keystore 密码相同，按回车）：

再次输入新密码：

（三）Azkaban Executor 服务器配置

在 azkaban-exec-server-0.1.0-SNAPSHOT/conf/azkaban.properties 下完成以下操作。

[root@master conf]# vi azkaban.properties

\# Azkaban mysql settings by default. Users should configure their own username and password.

database.type=mysql

mysql.port=3306

mysql.host=master

mysql.database=azkaban

mysql.user=root

mysql.password=123456

mysql.numconnections=100

\# Azkaban Executor settings

executor.maxThreads=50

executor.flow.threads=30

executor.port=12321

\# 启动 exe-server：

[root@master conf]# cd ..

[root@master azkaban-exec-server-0.1.0-SNAPSHOT]# bin/start-exec.sh

[root@master azkaban-exec-server-0.1.0-SNAPSHOT]# jps

28498 AzkabanExecutorServer

22691 NameNode

```
23140 NodeManager
26149 GradleDaemon
22842 DataNode
28522 Jps
7403 JobHistoryServer
```

激活 Azkaban Executor，端口号为 12321，如图 4-31 所示。

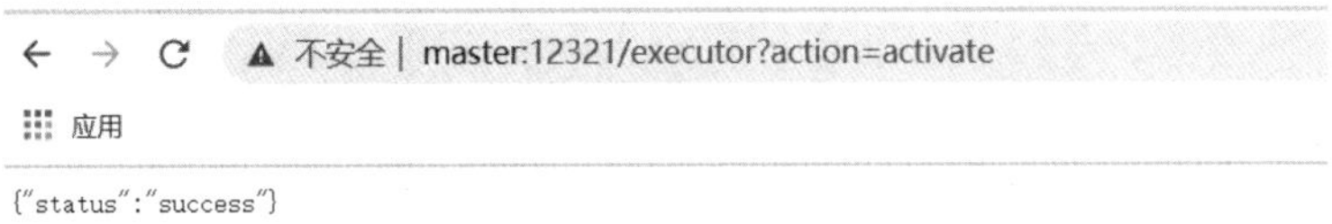

图 4-31　Azkaban Executor 端口确认

（四）Azkaban web 服务器配置

启动 Azkaban web：

```
[root@master azkaban-web-server-0.1.0-SNAPSHOT]# bin/start-web.sh
[root@master azkaban-web-server-0.1.0-SNAPSHOT]# jps
28498 AzkabanExecutorServer
22691 NameNode
23140 NodeManager
26149 GradleDaemon
28585 AzkabanWebServer
22842 DataNode
7403 JobHistoryServer
28603 Jps
```

访问 Azkaban web 页面，网址为 http://master:8081。

可查看用户名和密码，如图 4-32 所示。

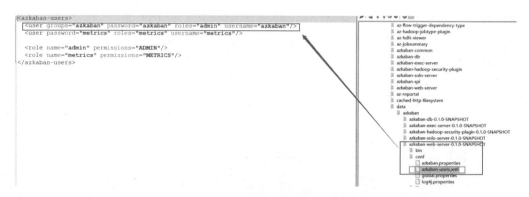

图 4-32 查看 Azkaban 用户名和密码

输入用户名和密码后的登录界面如图 4-33 所示。

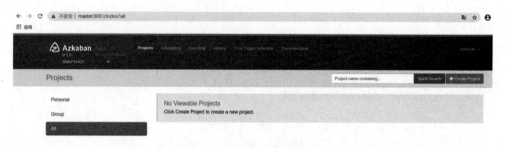

图 4-33 Azkaban 登录界面

三、打包及作业执行

（一）打包作业并上传至 Azkaban

创建 command 类型单一作业 job 工作流，上传 job 界面如图 4-34 所示。

创建 job 描述文件：command.job
[root@master data]# vi commnad.job
type=command command=echo "hello Azkaban"
# 将 job 资源文件打包成 zip 文件： [root@master data]# zip first.zip command.job
# 通过 azkaban 的 web 管理平台创建 project，并上传 job 压缩包。

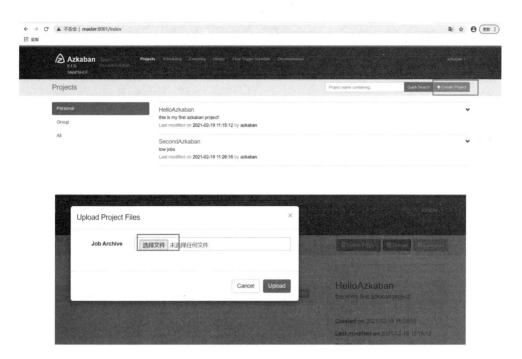

图 4-34 上传 job 界面

（二）Command 类型多 job 任务

・创建有依赖关系的多个 job 描述文件。

```
# 第一个 job：step1.job
type=command
command=echo first
```

```
# 第二个 job：step2.job
type=command
dependencies=step1
command=echo second
```

・将两个文件打到一个 zip 压缩包中，即 second.zip。

・通过 Azkaban 的 Web 管理平台创建 project，并上传 job 压缩包。

上传并执行后，可以看到依赖关系，如图 4-35、图 4-36 所示。

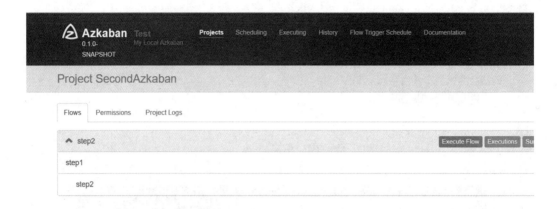

图 4-35　作业依赖关系

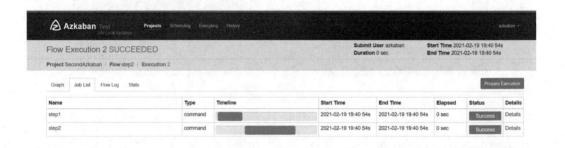

图 4-36　作业执行流程

（三）HDFS job

·创建 hdfs.job 文件。

```
[root@master data]# touch hdfs.job
[root@master data]# vi hdfs.job
[root@master data]# cat hdfs.job
#hdfs.job
type=command
command=/home/newland/soft/hadoop-2.7.2/bin/hdfs dfs -mkdir /azkaban_job
```

·将 job 文件打包成 zip 文件。

```
[root@master data]# zip hdfs.zip hdfs.job
```

```
hdfs.zip
```

·在 Azkaban 的 Web 平台创建 project 并上传 job 压缩包。

·执行 job，在 Azkaban 的 Web 页面和 HDFS 的 Web 页面上查看创建的文件夹，如图 4-37、图 4-38 所示。

图 4-37　查看 job 完成状态

图 4-38　查看 job 执行结果

（四）MapReduce job

·创建 job 描述文件 mapreduce.job 及 MapReduce 程序 jar 包。

```
#mapreduce job
type=command
command=bin/hadoop jar /home/newland/soft/hadoop-2.7.2/share/hadoop/mapreduce/hadoop-mapreduce-examples-2.7.2.jar wordcount /input/words /wc_azkaban_out/
```

·打包。

[root@master data]# zip mapreduce.zip mapreduce.job

·创建一个项目并设置项目名,如图 4-39 所示。

图 4-39　创建一个项目

·上传并执行该 job,如图 4-40 所示。

图 4-40　执行 job 界面

·查看结果,如图 4-41、图 4-42 所示。

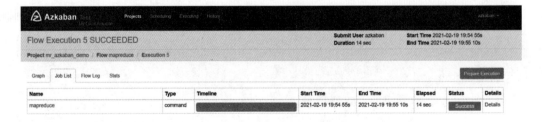

图 4-41　job 执行结果

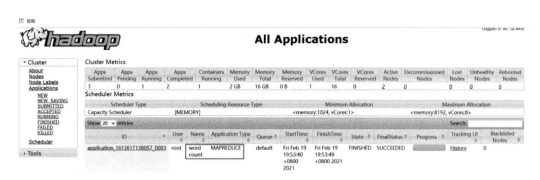

图 4-42 job 执行结果状态

·查看最终结果，如图 4-43 所示。

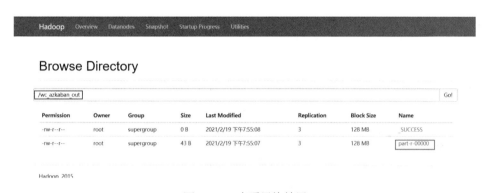

图 4-43 查看最终结果

思考题

1. 简述 Spark 运行模式。

2. 简述宽依赖和窄依赖的概念。

3. 简述 YARN 提交 MapReduce 的步骤。

4. 简述 YARN 架构中各组件的功能。

5. 简述作业调度的原理。

6. 如何设置定时任务？

第五章
大数据传输系统搭建与应用

在大数据处理工作中,首先要构建一个功能强大的数据传输系统。此系统主要基于离线数据及实时数据传输,会涉及批量数据采集、消息队列、日志监控等方面内容。根据数据存储需求,导入数据文件到数据仓库中。本章将以大数据实际项目中数据迁移框架 Sqoop 的使用以及实时数据采集的方法作为主要内容,包括日志监控及消息队列传输原理,实时数据采集框架 Flume 及消息中间件 Kafka 的机制等要点。

- **职业功能:** 高性能数据传输系统构建与应用。
- **工作内容:** 根据数据系统整体需要,安装或编译各类大数据功能组件;根据数据存储需求,导入数据文件到数据仓库;根据数据采集需求,采集网络、业务系统、日志数据到数据仓库;根据采集需求,对采集脚本进行定时、依赖配置调度。
- **专业能力要求:** 能够安装离线数据采集工具 Sqoop,使用 Sqoop 配置联通数据库、数据仓库及文件系统;使用 Sqoop 采集离线数据;安装日志监控工具 Flume;安装消息中间件 Kafka;配置日志采集信息并将数据传输到消息队列;设置数据主题,分发数据至存储系统。
- **相关知识要求:** 离线数据采集原理、批量数据采集所需配置信息、实时数据采集方法、日志监控原理、消息队列传输原理。

第一节　离线数据采集系统搭建与应用

一、离线数据采集工具 Sqoop

Sqoop（即 SQL to Hadoop）开始于 2009 年，是一个用来将 Hadoop（HDFS，Hive，HBase）和关系型数据库（如 MySQL，Oracle，SQL SERVER，PostgreSQL 等）中的数据相互转移的工具，可以将一个关系型数据库中的数据导进到 Hadoop 的 HDFS 中，也可以将 HDFS 的数据导进到关系型数据库中。它通过 MapReduce 任务来传输数据，并充分利用 MapReduce 并行特点，以批处理的方式加快数据传输，从而提高并发特性和容错。

（一）离线数据采集工具 Sqoop 简介

1. Sqoop 产生背景

在大数据处理工作中，会经常遇到下面两个场景。

·场景一：将关系型数据库中的数据抽取到 HDFS，Hive 或者 HBase 上。

·场景二：将分布式 HDFS 上存储的分区数据导入到关系型数据库中。

在大数据处理工作中，一般情况下，工程人员分两个步骤通过开发 MapReduce 程序来实现。

·导入处理：MapReduce 输入为 DBInputFormat 类型，输出为 TextOutputFormat。

·导出处理：MapReduce 输入为 TextInputFormat 类型，输出为 DBOutputFormat。

设计好输入和输出类型之后，工程技术人员编写实现的方法和程序，来实现数据的迁移和计算工作。这个过程要求工程技术人员对 Hadoop 的 MapReduce 底层原理非常熟悉，没有特殊的软件工具支持。这对于一般程序员是非常困难的事情。为了高效处理上述情形描述的事件，Sqoop 应运而生。Sqoop 就是一个在 RDBMS（关系型数据库）和 Hadoop 之间进行数据传输的项目。

2. Sqoop 概述

Sqoop 是 Apache 旗下一款"Hadoop 和关系数据库服务器之间传送数据"的工具，用于数据的导入和导出。使用 Sqoop 导入导出处理流程如图 5-1 所示。

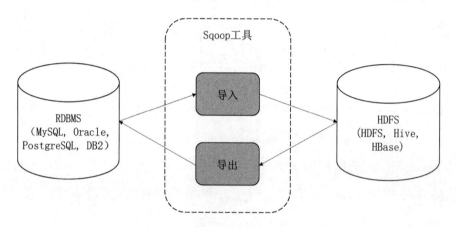

图 5-1　Sqoop 导入导出处理流程

· 导入数据：MySQL、Oracle 导入数据到 Hadoop 的 HDFS，Hive，HBase 等数据存储系统。

· 导出数据：从 Hadoop 的文件系统中导出数据到关系数据库 MySQL 等。

Sqoop 在 HDFS 生态圈中的位置如图 5-2 所示。

Sqoop 的工作机制是将导入或导出命令翻译成 MapReduce 程序来实现，在翻译出的 MapReduce 中主要是对 inputformat 和 outputformat 进行定制。Sqoop 不需要开发人员编写相应的 MapReduce 代码，只需要配置相应的脚本，这大大提高了开发的效率。

3. Sqoop 版本介绍

目前 Sqoop 分为 Sqoop1 和 Sqoop2，Sqoop 最终稳定版本为 1.4.7，Sqoop2

最新版本为 1.99.7，两个版本的差异比较大。2012 年 3 月 Apache 软件基金会（ASF）决定授予 Apache Sqoop 顶级项目资格，从而从孵化器中毕业。这是 Sqoop 生命中的一个重要里程碑。图 5-3 所示为 Sqoop 版本发布历程。

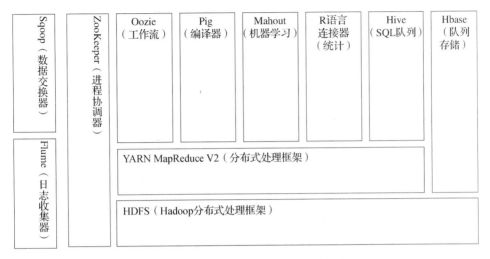

图 5-2　Sqoop 在 Hadoop 生态圈中的位置

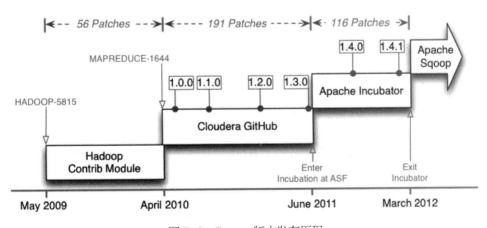

图 5-3　Sqoop 版本发布历程

4. Sqoop 架构

Sqoop1.x 架构如图 5-4 所示。

Sqoop 架构是非常简单的，它主要由三个部分组成：Sqoop client, HDFS/HBase/Hive, Database。

从工作模式来看，Sqoop 是基于客户端（Client）模式的，用用户模式，只需在一台机器上使用客户端模式。

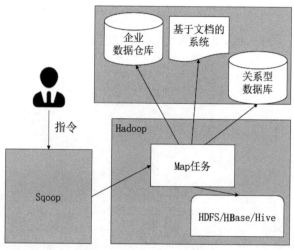

图 5-4　Sqoop1.x 架构

从 MapReduce 角度看，Sqoop 只提交一个 Map 作业，数据的传输和转换都是 Mapper 完成，并不需要 Reducer 参与。

从安全角度看，执行时需要用户名和密码或配置在文件中，安全性不高。

（二）Sqoop 部署

安装步骤如下：

1. 下载 sqoop-1.4.7.bin__hadoop-2.6.0.tar.gz

```
[root@master tools]# tar -zxf sqoop-1.4.7.bin__hadoop-2.6.0.tar.gz -C ../soft/
```

2. 配置环境变量

```
export SQOOP_HOME=/home/newland/soft/sqoop-1.4.7.bin__hadoop-2.6.0
export PATH=$PATH:$SQOOP_HOME/bin
```

3. 修改配置文件

```
[root@master soft]# cp sqoop-1.4.7.bin__hadoop-2.6.0/conf/sqoop-env-template.sh sqoop-1.4.7.bin__hadoop-2.6.0/conf/sqoop-env.sh
[root@master soft]# vi sqoop-1.4.7.bin__hadoop-2.6.0/conf/sqoop-env.sh
```

```
#Set path to where bin/hadoop is available
export HADOOP_COMMON_HOME=/home/newland/soft/hadoop-2.7.2

#Set path to where hadoop-*-core.jar is available
export HADOOP_MAPRED_HOME=/home/newland/soft/hadoop-2.7.2

#set the path to where bin/hbase is available
export HBASE_HOME=/home/newland/soft/hbase-1.3.1

#Set the path to where bin/hive is available
export HIVE_HOME=/home/newland/soft/apache-hive-2.3.0-bin
```

4. 拷贝 MySQL 驱动 jar 到 Sqoop 安装目录 /lib

```
[root@master soft]# cp mysql-connector-java-5.1.46.jar /home/newland/soft/sqoop-1.4.7.bin__hadoop-2.6.0/lib/
```

5. 验证 Sqoop 环境

```
[root@master sqoop-1.4.7.bin__hadoop-2.6.0]# sqoop-version
21/02/20 11:53:52 INFO sqoop.Sqoop: Running Sqoop version: 1.4.7
```

二、批量数据采集所需配置信息

配置好 Sqoop 环境后，下面介绍 Sqoop 的用法。

（一）Sqoop 简单用法

1. Sqoop 帮助命令用法

```
[root@master sqoop-1.4.7.bin__hadoop-2.6.0]# sqoop help
```

```
21/02/20 12:00:56 INFO sqoop.Sqoop: Running Sqoop version: 1.4.7
usage: sqoop COMMAND [ARGS]


Available commands:
  codegen            Generate code to interact with database records
  create-hive-table  Import a table definition into Hive
  eval               Evaluate a SQL statement and display the results
  export             Export an HDFS directory to a database table
  help               List available commands
  import             Import a table from a database to HDFS
  import-all-tables  Import tables from a database to HDFS
  import-mainframe   Import datasets from a mainframe server to HDFS
  job                Work with saved jobs
  list-databases     List available databases on a server
  list-tables        List available tables in a database
  merge              Merge results of incremental imports
  metastore          Run a standalone Sqoop metastore
  version            Display version information
```

2. 查看 Sqoop 版本

```
[root@master sqoop-1.4.7.bin__hadoop-2.6.0]# sqoop-version
21/02/20 13:28:07 INFO sqoop.Sqoop: Running Sqoop version: 1.4.7
Sqoop 1.4.7
```

3. 使用 Sqoop 获取指定 URL 的数据库

```
[root@master sqoop-1.4.7.bin__hadoop-2.6.0]# sqoop help list-databases
```

Sqoop help 命令查看数据序列表如图 5-5 所示。

```
usage: sqoop list-databases [GENERIC-ARGS] [TOOL-ARGS]

Common arguments:
   --connect <jdbc-uri>                                     Specify JDBC connect string
   --connection-manager <class-name>                        Specify connection manager  class name
   --connection-param-file <properties-file>                Specify connection parameters file
   --driver <class-name>                                    Manually specify JDBC driver class to use
   --hadoop-home <hdir>                                     Override $HADOOP_MAPR ED_HOME_ARG
   --hadoop-mapred-home <dir>                               Override  $HADOOP_MAPRED_HOME_ARG
   --help                                                   Print usage instructions
   --metadata-transaction-isolation-level <isolationlevel>  Defines the transaction isolationlevel for
                                                            metadata queries. For more details
                                                            check java.sql.Connection javadoc or the JDBC
                                                            specificaiton
   --oracle-escaping-disabled <boolean>                     Disable the escaping mechanism of the
                                                            Oracle/OraOop connection managers Read
                                                            password from console
   --password <password>                                    Set authenticati on password
   --password-alias <password-alias>                        Credential  provider  password alias
   --password-file <password-file>                          Set authenticati on password file path
   --relaxed-isolation                                      Use read-uncommitted isolation for imports
   --skip-dist-cache                                        Skip copying jars to distributed cache
   --temporary-rootdir <rootdir>                            Defines the temporary root directory for the import
   --throw-on-error                                         Rethrow a  RuntimeException on error occurred
                                                            during thejob
   --username <username>                                    Set authentication username
   --verbose                                                Print moreinformation  while working

Generic Hadoop command-line arguments:
```

图 5-5　Sqoop help 命令查看数据库列表

其中，必不可缺少的几个参数为：URL、用户名和密码。使用 Sqoop 必须指定这几个参数。

```
[root@master sqoop-1.4.7.bin__hadoop-2.6.0]# sqoop list-databases \
> --connect jdbc:mysql://master:3306 \
> --username root \
> --password 123456 \
information_schema
azkaban
hive
metastore
mysql
performance_schema
shop
sys
test_db
```

4. 使用 Sqoop 获取指定 URL 的数据库的所有表

[root@master sqoop-1.4.7.bin__hadoop-2.6.0]# sqoop list-tables --connect jdbc:mysql://master:3306/test_db --username root --password 123456
account
grade
result
student
subject
t2

（二）使用 Sqoop 采集离线数据

1. 导入 MySQL 数据到 HDFS

MySQL 数据准备：

mysql> create database sqoop; mysql> use sqoop;
Database changed
mysql> show tables;
Empty set (0.00 sec)
创建部门表：
mysql> create table dept(id int,name varchar(20),primary key(id));
Query OK,0 rows affected (0.17 sec)
插入数据：
mysql> insert into dept values(10,'Sales');
mysql> insert into dept values(20,'BigdataDept');
mysql> insert into dept values(30,'AIDept');
mysql> select * from dept;

```
+----+-------------+
| id | name        |
+----+-------------+
| 10 | Sales       |
| 20 | BigdataDept |
| 30 | AIDept      |
+----+-------------+
3 rows in set（0.00 sec）
```

2. MySQL 表导入 HDFS

```
# 导入到 HDFS：
[root@master hadoop-2.7.2]# sqoop import --connect jdbc:mysql://master:3306/sqoop --username root --password 123456 --table dept -m 1 --target-dir /sqoop/dept --delete-target-dir
```

21/02/20 15:18:39 INFO db.DBInputFormat: Using read commited transaction isolation

21/02/20 15:18:40 INFO mapreduce.JobSubmitter: number of splits:1

21/02/20 15:18:40 INFO mapreduce.JobSubmitter: Submitting tokens for job: job_1613617138057_0004

21/02/20 15:18:40 INFO impl.YarnClientImpl: Submitted application application_1613617138057_0004

21/02/20 15:18:40 INFO mapreduce.Job: The url to track the job: http://slave1:8888/proxy/application_1613617138057_0004/

21/02/20 15:18:40 INFO mapreduce.Job: Running job: job_1613617138057_0004

21/02/20 15:18:50 INFO mapreduce.Job: Job job_1613617138057_0004 running in uber mode : true

21/02/20 15:18:50 INFO mapreduce.Job: map 0% reduce 0%

21/02/20 15:18:52 INFO mapreduce.Job: map 100% reduce 0%

21/02/20 15:18:52 INFO mapreduce.Job: Job job_1613617138057_0004 completed successfully

在 HDFS 系统进行导入情况查看，如图 5-6 所示。

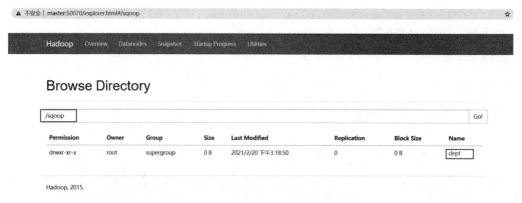

图 5-6　导入情况查看

[root@master hadoop-2.7.2]# bin/hdfs dfs -cat /sqoop/dept/*
10,Sales
20,BigdataDept
30,AIDept

3. 导出 HDFS 数据到 MySQL

登录 MySQL，清空数据：
mysql> truncate dept;
Query OK,0 rows affected (0.10 sec)
mysql> select * from dept;
Empty set (0.00 sec)
将 HDFS 数据导入到 MySQL：
[root@master hadoop-2.7.2]# sqoop export --connect jdbc:mysql://master:3306/sqoop --username root --password 123456 --table dept -m 1 --export-dir /sqoop/dept

第五章 大数据传输系统搭建与应用

21/02/20 15:43:30 INFO mapreduce.JobSubmitter: Submitting tokens for job: job_1613617138057_0005

21/02/20 15:43:31 INFO impl.YarnClientImpl: Submitted application application_1613617138057_0005

21/02/20 15:43:31 INFO mapreduce.Job: The url to track the job: http://slave1:8888/proxy/application_1613617138057_0005/

21/02/20 15:43:31 INFO mapreduce.Job: Running job: job_1613617138057_000521/02/20 15:43:38 INFO mapreduce.Job: Job job_1613617138057_0005 running in uber mode : true

21/02/20 15:43:38 INFO mapreduce.Job: map 100% reduce 0%

21/02/20 15:43:39 INFO mapreduce.Job: Job job_1613617138057_0005 completed successfully

查看 YARN 系统，作业执行情况如图 5-7 所示。

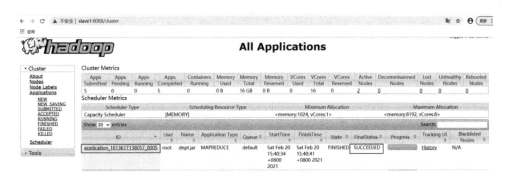

图 5-7　作业执行情况查看

\# 查看数据库：

mysql> select * from dept;

+----+------------------+

| id | name |

+----+------------------+

| 10 | Sales |

| 20 | BigdataDept |

| 30 | AIDept |

+----+-------------+

3 rows in set (0.00 sec)

sqoop 增量导入 HDFS，在 MySQL 的 dept 表中添加一条数据：

mysql> insert into dept values(40,'Java_Dept');

mysql> select * from dept;

+----+-------------+

| id | name |

+----+-------------+

| 10 | Sales |

| 20 | BigdataDept |

| 30 | AIDept |

| 40 | Java_Dept |

+----+-------------+

4 rows in set (0.00 sec)

把新增的数据追加到 HDFS：

[root@master hadoop-2.7.2]# sqoop import --connect jdbc:mysql://master:3306/sqoop --username root --password 123456 --table dept -m 1 --target-dir /sqoop/dept --incremental append --check-column id

21/02/20 15:54:12 INFO mapreduce.JobSubmitter: Submitting tokens for job: job_1613617138057_0006

21/02/20 15:54:13 INFO impl.YarnClientImpl: Submitted application application_1613617138057_0006

21/02/20 15:54:13 INFO mapreduce.Job: The url to track the job: http://slave1:8888/proxy/application_1613617138057_0006/

21/02/20 15:54:13 INFO mapreduce.Job: Running job: job_1613617138057_0006

第五章 大数据传输系统搭建与应用

21/02/20 15:54:21 INFO mapreduce.Job: Job job_1613617138057_0006 running in uber mode : true

　　21/02/20 15:54:21 INFO mapreduce.Job: map 0% reduce 0%

　　21/02/20 15:54:23 INFO mapreduce.Job: map 100% reduce 0%

　　21/02/20 15:54:23 INFO mapreduce.Job: Job job_1613617138057_0006 completed successfully

[root@master hadoop-2.7.2]# bin/hdfs dfs -cat /sqoop/dept/part-m-00001

10,Sales

20,BigdataDept

30,AIDept

40,Java_Dept

4. 导入 MySQL 数据到 Hive

　　# 将 hive 的 lib 文件夹下的 hive-exec-**.jar 放到 sqoop 的 lib 下：

　　[root@master lib]# cp hive-exec-2.3.0.jar /home/softwares/sqoop-1.4.7.bin__hadoop-2.6.0/lib/

　　# 导入 MySQL 数据到 Hive：

　　[root@master softwares]# sqoop import --connect jdbc:mysql://master:3306/sqoop --username root --password 123456 --table dept -m 1 --hive-import

　　21/02/20 16:07:19 INFO mapreduce.Job: Running job: job_1613617138057_0007

　　21/02/20 16:07:27 INFO mapreduce.Job: Job job_1613617138057_0007 running in uber mode : true

　　21/02/20 16:07:27 INFO mapreduce.Job: map 0% reduce 0%

　　21/02/20 16:07:29 INFO mapreduce.Job: map 100% reduce 0%

　　21/02/20 16:07:29 INFO mapreduce.Job: Job job_1613617138057_0007 completed successfully

　　# 查询 Hive：

　　hive> show tables;

OK
dept
employee_external
employee_partitioned
stu
hive> select * from dept;
OK
10   Sales
20   BigdataDept
30   AIDept
40   Java_Dept
Time taken: 2.11 seconds,Fetched: 4 row(s)

5. Hive 导入 MySQL

清空 MySQL 中 dept 表的数据：
mysql> truncate dept;
Query OK,0 rows affected (0.10 sec)
mysql> select * from dept;
Empty set (0.00 sec)
执行导入命令 Hive→MySQL：
[root@master softwares]# sqoop export --connect jdbc:mysql://master:3306/sqoop --username root --password 123456 --table dept -m 1 --export-dir /user/hive/warehouse/dept --input-fields-terminated-by '\0001'
21/02/20 16:16:59 INFO mapreduce.JobSubmitter: Submitting tokens for job: job_1613617138057_0008
21/02/20 16:16:59 INFO impl.YarnClientImpl: Submitted application application_1613617138057_0008

21/02/20 16:16:59 INFO mapreduce.Job: The url to track the job: http://slave1:8888/proxy/application_1613617138057_0008/

21/02/20 16:16:59 INFO mapreduce.Job: Running job: job_1613617138057_0008

21/02/20 16:17:07 INFO mapreduce.Job: Job job_1613617138057_0008 running in uber mode : true

21/02/20 16:17:07 INFO mapreduce.Job: map 100% reduce 0%

21/02/20 16:17:08 INFO mapreduce.Job: Job job_1613617138057_0008 completed successfully

查询 MySQL 数据：

mysql> select * from dept;

```
+----+------------------+
| id | name             |
+----+------------------+
| 10 | Sales            |
| 20 | BigdataDept      |
| 30 | AIDept           |
| 40 | Java_Dept        |
+----+------------------+
4 rows in set (0.00 sec)
```

第二节　实时数据采集系统搭建与应用

数据的爆发式增长使现有的数据采集系统的数据采集和处理速度遇到严重的挑战。数据采集速度越快，信息完整度越高；数据算法越优化，数据处理结果越能为决策者提供有利决策依据。数据采集系统的智能化发展，为决策管理提供了强大的基础支撑。

一、实时数据采集方法

Flume 是 Cloudera 提供的一个高可用、高可靠、分布式的海量日志采集、聚合和传输的系统，Flume 支持在日志系统中定制各类数据发送方，用于收集数据；同时，Flume 对数据进行简单处理，并写到数据接收方。

（一）安装日志监控工具 Flume

在安装 Flume 之前，首先了解一下 Flume 的特点。Flume 基于流式架构设计，平台组件相对较少，操作简单，主要用于将流数据（日志数据）从各种 web 服务器复制到分布式 HDFS 上。

1. Flume 的特点

· 高可靠性：当节点出现故障时，日志能够被传送到其他节点上而不会丢失。Flume 提供了三种级别的可靠性保障，从强到弱依次分别为：End-To-End（Exactly once，仅一次确认），Store On Failure（当数据接收方崩溃时，将数据写到本地，待恢复后，继续发送），Best Effort（数据发送到接收方后，不会进行确认）。

·可扩展性：Flume 采用了三层架构，分别为 Source，Channel 和 Sink，每一层均可以水平扩展。

·可管理性：所有 Source，Channel 和 Sink 由 Agent 统一管理，这使得系统便于维护，在 master 上查看各个数据源或者数据流执行情况，还可以对各个数据源配置和动态加载。

2. Flume 发展历程

·2009 年 7 月 Flume 从 Cloudera 诞生。

·2010 年 11 月 Cloudera 开源了第一个可用版本 0.9.2，0.9.X 这个系列的版本也被称为 Flume-OG。

·2011 年 10 月，Cloudera 完成了 Flume-728，对 Flume 进行了里程碑式的改动：重构核心组件、核心配置以及代码架构，重构后的版本统称为 Flume NG。改动的另一原因是将 Flume 纳入 Apache 旗下，Cloudera Flume 改名为 Apache Flume。

·2012 年 7 月 Apache Flume 1.0 版诞生，至此 Flume-NG 第一个版本诞生。

·2015 年 5 月 Apache Flume 1.6 版本诞生。

·Apache Flume 1.9.0 Released，这也是 Flume 目前的最新版本。

3. Flume 架构

Flume-NG 相对于 Flume-OG 有一些变化。

其中，最主要的是核心组件变化。Flume-OG 有三种角色的节点：代理节点（agent）、收集节点（collector）、主节点（master）。代理节点从各个数据源收集日志数据，将收集到的数据集中到收集节点。Flume-NG 只有一种角色的节点，即代理节点。NG 代理节点由 Source，Sink，Channel 组成，而且多个代理节点可以链接成有向无环图（DAG），完成更加复杂的功能，如图 5-8 所示。

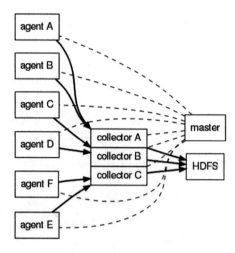

图 5-8　Flume-OG 架构

Flume-NG 架构如图 5-9 所示，由三部分组成：Source，Channel，Sink。Source 相当于数据录入源，是生产者的角色。Channel 相当于数据传输通道。Sink 从 Channel 中取出事件，然后将数据发到别处，可以向文件系统、数据库、Hadoop 保存数据，也可以是其他代理节点的 Source。在日志数据较少时，可以将数据存储在文件系统中，并且设定一定的时间间隔保存数据。

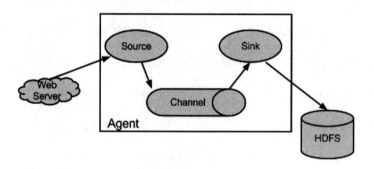

图 5-9　Flume-NG 架构

4. Flume1.9.0 安装与配置

[root@master pkg]# tar -zxf apache-flume-1.9.0-bin.tar.gz -C ../soft/
[root@master soft]# ls
apache-flume-1.9.0-bin

修改 conf/flume-env.sh，配置 JAVA_HOME：

[root@master conf]# vi flume-env.sh

export JAVA_HOME=/home/newland/soft/jdk1.8.0_121

[root@master conf]# vi netcat-logger.conf

#agent 中各组件的名字
表示 agent 中的 source 组件
a1.sources = r1
表示的是下沉组件 sink
a1.sinks = k1
##agent 内部的数据传输通道 channel，用于从 source 将数据传递到 sink
a1.channels = c1

描述和配置 source 组件：r1
##netcat 用于监听一个端口的
a1.sources.r1.type = netcat
配置的绑定地址，这个机器的 hostname 是 master，所以下面也可以配置成 master
a1.sources.r1.bind = master
配置的绑定端口
a1.sources.r1.port = 44444

# 描述和配置 sink 组件：k1
a1.sinks.k1.type = logger

描述和配置 channel 组件，此处使用内存缓存的方式
# 下面表示的是缓存到内存中，如果是文件，可以使用 file 的那种类型
a1.channels.c1.type = memory

表示用多大的空间

a1.channels.c1.capacity = 1000

下面表示用事务的空间是多大

a1.channels.c1.transactionCapacity = 100

配置 source channel sink 之间的连接关系

a1.sources.r1.channels = c1

a1.sinks.k1.channel = c1

测试 Flume：

[root@master apache-flume-1.9.0-bin]# bin/flume-ng agent -c conf -f conf/netcat-logger.conf -n a1 -Dflume.root.logger=INFO,console

启动成功，等待客户端输入：

2021-02-23 14:16:23,263 (lifecycleSupervisor-1-0)[INFO - org.apache.flume.source.NetcatSource.start(NetcatSource.java:166)] Created serverSocket:sun.nio.ch.ServerSocketChannelImpl[/87.7.15.9:44444]

打开终端，实时输入信息：

[root@master ~]# telnet master 44444

Trying 87.7.15.9...

Connected to master.

Escape character is '^]'.

hello flume

OK

hello newyear2021

OK

alibaba

OK

#flume 端接收到信息：

2021-02-23 14:16:45,226 (SinkRunner-PollingRunner-DefaultSinkProcessor)[INFO - org.apache.flume.sink.LoggerSink.process(LoggerSink.java:95)] Event: { headers:{} body: 68 65 6C 6C 6F 20 66 6C 75 6D 65 0D   hello flume. }

2021-02-23 14:17:23,231 (SinkRunner-PollingRunner-DefaultSinkProcessor)[INFO - org.apache.flume.sink.LoggerSink.process(LoggerSink.java:95)] Event: { headers:{} body: 68 65 6C 6C 6F 20 6E 65 77 79 65 61 72 32 30 32 hello newyear202 }

2021-02-23 14:17:45,464 (SinkRunner-PollingRunner-DefaultSinkProcessor)[INFO - org.apache.flume.sink.LoggerSink.process(LoggerSink.java:95)] Event: { headers:{} body: 61 6C 69 62 61 62 61 0D   alibaba. }

配置 HDFS 目录：

拷贝 hadoop2.7.2/share 下的 jar 包到 flume/lib 目录下：

commons-configuration-1.6.jar

hadoop-auth-2.7.2.jar

hadoop-common-2.7.2.jar

hadoop-hdfs-2.7.2.jar

commons-io-2.4.jar

htrace-core-3.1.0-incubating.jar

在 flume1.9.0/conf/ 创建配置文件：flume-file-hdfs.conf

[root@master conf]# vi flume-file-hdfs.conf

Name the components on this agent

定义 source

a2.sources = r2

定义 sink

a2.sinks = k2

定义 channel

a2.channels = c2

# Describe/configure the source
# 定义 source 类型为 exec 可执行命令
a2.sources.r2.type = exec
a2.sources.r2.command = tail -F /home/data/flume_tmp.log
# 执行 shell 脚本的绝对路径
a2.sources.r2.shell = /bin/bash -c

# Describe the sink
# 定义 sink 类型为 hdfs
a2.sinks.k2.type = hdfs
a2.sinks.k2.hdfs.path = hdfs://master:8020/flume/%Y%m%d/%H
# 上传文件的前缀
a2.sinks.k2.hdfs.filePrefix = logs-
# 是否按照时间滚动文件夹
a2.sinks.k2.hdfs.round = true
# 多少时间单位创建一个新的文件夹
a2.sinks.k2.hdfs.roundValue = 1
# 重新定义时间单位
a2.sinks.k2.hdfs.roundUnit = hour
# 是否使用本地时间戳
a2.sinks.k2.hdfs.useLocalTimeStamp = true
# 积攒多少个 Event 才 flush 到 HDFS 一次
a2.sinks.k2.hdfs.batchSize = 10
# 设置文件类型，可支持压缩

```
a2.sinks.k2.hdfs.fileType = DataStream
# 多久生成一个新的文件
a2.sinks.k2.hdfs.rollInterval = 600
# 设置每个文件的滚动大小
a2.sinks.k2.hdfs.rollSize = 134217700
# 文件的滚动与 Event 数量无关
a2.sinks.k2.hdfs.rollCount = 0
# 最小冗余数
a2.sinks.k2.hdfs.minBlockReplicas = 1


# Use a channel which buffers events in memory
a2.channels.c2.type = memory
a2.channels.c2.capacity = 1000
a2.channels.c2.transactionCapacity = 100


# Bind the source and sink to the channel
a2.sources.r2.channels = c2
a2.sinks.k2.channel = c2
[root@slave1 hadoop-2.7.2]# echo 456 > /home/data/flume_tmp.log
[root@master data]# echo 123456789 >> flume_tmp.log
```

启动 HDFS 界面查看，数据采集情况如图 5-10 所示。

图 5-10　数据采集情况查询

```
# 实时记取数据：
[root@slave1 hadoop-2.7.2]# bin/hdfs dfs -cat/flume/20210223/15/logs-
.1614065932039.tmp
123
123456
123456789
```

（二）安装消息中间件 Kafka

传统的离线批处理日志信息收集处理平台都有很大的延迟性，虽然在高可靠、高扩展、批处理方面有很强的性能，但对实时信息收集与处理有一定的困难。目前的消息（队列）系统能够很好地处理实时或者近似实时的应用，但未处理的数据通常不会写到磁盘上。这对于 Hadoop 之类对时间要求不高的离线批处理应用而言，可能存在差异。Kafka 正是为了解决高延迟问题而设计的，它能够很好地离线批处理和在线实时处理应用。

Kafka 的定义：它是一个分布式消息系统，由 LinkedIn 使用 Scala 编写，用作 LinkedIn 的活动流（Activity Stream）和运营数据处理管道（Pipeline）的基础，具有高水平扩展和高吞吐量。

应用领域：已被多家不同类型的公司作为多种类型的数据管道和消息系统使用，如淘宝、支付宝、百度、Twitter 等。目前越来越多的开源分布式处理系统如 Apache Flume、Apache Storm、Spark、ElasticSearch 都支持与 Kafka 集成。

1. Kafka 架构

Kafka 的架构如图 5-11 所示。

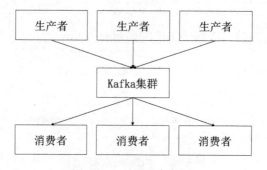

图 5-11　Kafka 架构图

下面介绍一些基本概念：

·消费者（Consumer）：从消息队列中请求消息的客户端应用程序。

·生产者（Producer）：向 Broker 发布消息的客户端应用程序。

·AMQP 服务器端（Broker）：用来接收生产者发送的消息，并将这些消息路由给服务器中的队列。

2. Zookeeper 安装

master 配置：第一步是解压 zookeeper-3.4.10.tar.gz 到指定目录下，第二步是配置 zoo.cfg。

```
tickTime=2000
initLimit=10
syncLimit=5
dataDir=/home/newland/soft/zookeeper-3.4.10/data
clientPort=2181
server.1=master:2888:3888
server.2=slave1:2888:3888
server.3=slave2:2888:3888
maxClientCnxns=0
autopurge.snapRetainCount=3
autopurge.purgeInterval=1
```

第三步是配置 myid。

```
[root@master zookeeper-3.4.10]# cd data
[root@master data]# touch myid
1
```

第四步是拷贝 zookeeper 到 slave1 和 slave2 节点。

```
# 修改 slave1 的 myid 编号为 2
# 修改 slave2 的 myid 编号为 3
```

[root@slave1 data]# echo 2 > myid

[root@slave2 data]# echo 3 > myid

第五步是启动 zookeeper 集群查看状态。

[root@master zookeeper-3.4.10]# bin/zkServer.sh start

[root@slave1 zookeeper-3.4.10]# bin/zkServer.sh start

[root@slave2 zookeeper-3.4.10]# bin/zkServer.sh start

查看状态：

[root@master zookeeper-3.4.10]# bin/zkServer.sh status

ZooKeeper JMX enabled by default

Using config: /home/newland/soft/zookeeper-3.4.10/bin/../conf/zoo.cfg

Mode: follower

[root@slave1 zookeeper-3.4.10]# bin/zkServer.sh status

ZooKeeper JMX enabled by default

Using config: /home/newland/soft/zookeeper-3.4.10/bin/../conf/zoo.cfg

Mode: leader

[root@slave2 zookeeper-3.4.10]# bin/zkServer.sh status

ZooKeeper JMX enabled by default

Using config: /home/newland/soft/zookeeper-3.4.10/bin/../conf/zoo.cfg

Mode: follower

3. Kafka 安装及实战

下载解压 kafka：

[root@master pkg]# tar -zxf kafka_2.11-2.4.1.tgz -C ../soft/

创建日志目录：

[root@master kafka_2.11-2.4.1]# mkdir kafkalogs

配置环境变量，各个节点都需要配置：

export KAFKA_HOME=/home/newland/soft/kafka_2.11-2.4.1

export PATH=$KAFKA_HOME/bin:$PATH

[root@master kafka_2.11-2.4.1]# source /etc/profile

修改 zoo.cfg 配置文件内的属性，每个服务器都需要调整端口号 2182、2183、2184：

clientPort=2182

拷贝到其他节点：

修改 server.properties：

[root@master config]# vim server.properties

配置 broker 的 ID，每一台服务器的地址依次不同，其他两台为 2，3：

broker.id=1

打开监听端口：

listeners=PLAINTEXT://master:9092

修改 log 的目录，在指定的位置创建好文件夹 logs：

log.dirs=/home/newland/soft/kafka_2.11-2.4.1/kafkalogs

修改 zookeeper.connect：

zookeeper.connect=master:2181,slave1:2181,slave2:2181

其他两个节点如上做相应配置：

启动 kafka：

[root@master kafka_2.11-2.4.1]# bin/kafka-server-start.sh config/server.properties >/dev/null 2>&1 &

[root@master kafka_2.11-2.4.1]# jps

14928 DataNode

15393 NodeManager

14776 NameNode

698 QuorumPeerMain

794 Kafka

1163 Jps

```
[root@slave1 kafka_2.11-2.4.1]# jps
20659 SecondaryNameNode
4500 Kafka
20758 ResourceManager
20538 DataNode
20875 NodeManager
4381 QuorumPeerMain
4862 Jps
[root@slave2 kafka_2.11-2.4.1]# jps
20456 Kafka
20811 Jps
20367 QuorumPeerMain
```

二、Kafka 消息队列存储原理

Kafka 中的消息队列是以主题为基本单位组织的，不同的主题之间是相互独立的。每个主题又可以分成几个不同的分区，而每个主题有几个分区是在创建主题时就指定的，每个分区存储一部分消息，如图 5-12 所示，可以直观地看到主题和分区之间的关系。

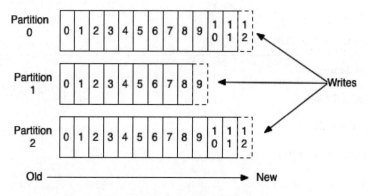

图 5-12　Kafka 消息主题与分区

主题（Topic）：一个主题类似新闻中的体育、娱乐、教育等分类概念，在实际工程中通常一个业务一个主题。

分区（Partition）：一个 Topic 中的消息数据按照多个分区组织，分区是 Kafka 消息队列组织的最小单位，一个分区可以看作是一个 FIFO 的队列。

分区是以文件的形式存储在文件系统中，比如，创建了一个名为 page_visits 的主题，其有五个分区，那么在 Kafka 的数据目录中（由配置文件中的 log.dirs 指定的）中就有这样五个目录：page_visits-0，page_visits-1，page_visits-2，page_visits-3，page_visits-4，其命名规则为 <topic_name>-<partition_id>，里面存储的是这五个分区的数据。

（一）分区的数据文件

分区中的每条消息由 offset 来表示它在这个分区中的偏移量，这个 offset 不是该消息在分区数据文件中的实际存储位置，而是逻辑上的一个值，它唯一确定了分区中的一条消息。因此，可以认为 offset 是分区中消息的 ID。分区中的每条消息包含了以下三个属性：

- offset.
- MessageSize.
- data.

其中 offset 为 long 型，MessageSize 为 int32，表示 data 有多大，data 为消息的具体内容。它的格式与 Kafka 通信协议中介绍的 MessageSet 格式一致。分区的数据文件则包含了若干条上述格式的消息，按 offset 由小到大排列在一起。它的实现类为 FileMessageSet，如图 5-13 所示。

它的主要方法如下：

append：把给定的 ByteBufferMessageSet 中的 Message 写入到这个数据文件中。

searchFor：从指定的 startingPosition 开始搜索，找到第一个 Message（其 offset 大于或者等于指定的 offset），并返回其在文件中的位置 Position。它的实现方

```
┌─────────────────────────────────────────────────────────────────┐
│                        FileMessageSet                           │
├─────────────────────────────────────────────────────────────────┤
│ - file : File                                                   │
│ - channel : FileChannel                                         │
│ - start : int                                                   │
│ - end : int                                                     │
│ - isSlice : boolean                                             │
├─────────────────────────────────────────────────────────────────┤
│ + read(pos : int, size : int) : FileMessageSet                  │
│ + searchFor(targetOffset : long, startingPos : int) : OffsetPosition │
│ + sizeInBytes() : int                                           │
│ + append(messages : ByteBufferMessageSet) : void                │
│ + truncateTo(targetSize : int) : int                            │
│ + readInto(buffer : ByteBuffer, relativePosition : int) : ByteBuffer │
└─────────────────────────────────────────────────────────────────┘
```

图 5-13　FileMessageSet 类图

式是从 Starting Position 开始读取 12 个字节，分别是当前 MessageSet 的 offset 和 size。如果当前 offset 小于指定的 offset，那么将 Position 向后移动 LogOverHead+MessageSize（其中 LogOverHead 为 offset+messagesize，为 12 个字节）。

如果一个分区只有一个数据文件，那么：

·新数据添加在文件末尾，调用 FileMessageSet 的 append 方法，不论文件数据文件有多大，新数据只在文件末尾追加，形成一个新的文件。

·查找某个 offset 的 Message，调用 FileMessageSet 的 searchFor 方法，按照顺序查找。如果数据文件很大的话，查找的效率就低下。

（二）Kafka 查找效率的提高

1. 分段

Kafka 解决查询效率的两大法宝之一就是将数据文件分段，例如有 100 条消息文件，它们的 offset 是从 0 到 99。假设将数据文件分成五段，第一段为 0~19，第二段为 20~39，以此类推，每段放在一个单独的数据文件里面，数据文件以该段中最小的 offset 来命名。这样在查找指定 offset 的主题消息的时候，用二分查找就可以快速定位到该主题消息在哪个段中。

2. 索引

Kafka 查询效率提高的第二法宝就是为数据文件建立索引。数据文件分段缩小了查询范围，使得可以在一个较小的数据文件中查找对应 offset 的主题消息，但是这依然需要顺序扫描才能找到对应 offset 的主题消息。为了进一步提升查找的效率，Kafka 为每个分段后的数据文件都建立了索引文件，文件名与数据文件的名字是一样的，只是文件扩展名为 .index。索引文件中包含若干个索引条目，每个条目表示数据文件中一条主题消息的索引。索引包含两个部分，均为 4 个字节的数字，分别为相对 offset 和 Position。利用索引可快速定位文件。

3. 消息 Message 查找原理

消息是按照主题来组织，每个主题可以分成多个的分区，例如，有五个分区，分别为：

drwxrwxr-x 2 vagrant vagrant 4096 Jan 10 13：59 page_visits-0

drwxrwxr-x 2 vagrant vagrant 4096 Jan 20 08：51 page_visits-1

drwxrwxr-x 2 vagrant vagrant 4096 Jan 20 08：51 page_visits-2

drwxrwxr-x 2 vagrant vagrant 4096 Jan 20 08：51 page_visits-3

drwxrwxr-x 2 vagrant vagrant 4096 Jan 20 08：51 page_visits-4

大文件执行后，分区也是分段的，每个段叫 LogSegment，其中包含了一个数据文件和一个索引文件，图 5-14 所示为某个分区目录下的文件。可以看到，这个分区有四个 LogSegment。Kafka 消息查找的原理如图 5-15 所示。

```
00000000000000000000.index
00000000000000000000.log
00000000000000368769.index
00000000000000368769.log
00000000000000737337.index
00000000000000737337.log
00000000000001105814.index
00000000000001105814.log
```

图 5-14　分区目录下文件

比如，要查找绝对 offset 为 7 的 Message：

（1）首先用二分查找，确定它在哪个 LogSegment 中。自然是在第一个 Segment 中。

（2）打开这个 Segment 的 index 文件，也是用二分查找，找到 offset 小于或者等于指定 offset 的索引条目中最大的那个 offset。offset 为 6 的那个索引就是要找的，通过索引文件知道 offset 为 6 的 Message 在数据文件中的位置为 9807。

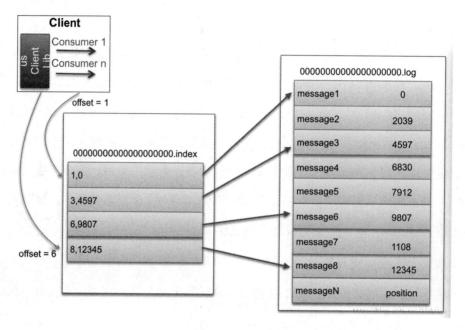

图 5-15　Kafka 消息查找原理

（3）打开数据文件，从位置为 9807 的那个地方开始顺序扫描，直到找到 offset 为 7 的那条 Message。

这套查找机制建立在 offset 上，是有序的。索引文件被加载到内存中，所以查找的速度还是很快的。Kafka 的 Message 存储采用了分区（Partition），分段（LogSegment）和稀疏索引这几个手段来提升查询效率。

三、掌握消息队列传输原理

消息队列中间件是分布式系统中重要的组件，主要解决应用解耦、异步消息、流量削峰等问题，实现高性能、高可用、可伸缩和最终一致性架构。目前使用较多的消息队列有 ActiveMQ、RabbitMQ、ZeroMQ、Kafka、MetaMQ、RocketMQ。

日志采集系统的架构设计如图 5-16 所示。

（一）配置日志采集信息并将数据传输到消息队列

1. 配置 Zookeeper 集群

这里共有三台机器——master、slave1、slave2，开始配置集群节点。

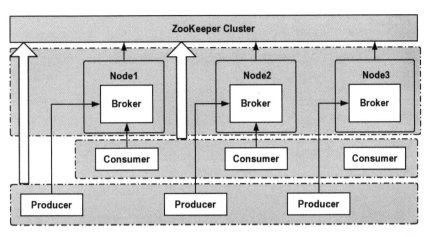

图 5-16　日志采集系统架构

2. 搭建 Kafka 集群

然后，将三台机器配置好 server.properties。

（二）设置数据主题，分发数据至存储系统

创建 topic：
[root@master bin]# ./kafka-topics.sh --create --zookeeper master:2181 --topic newland --replication-factor 3 --partitions 3
Created topic newland.
查看 topic：
[root@master bin]# ./kafka-topics.sh --list --zookeeper master:2181
newland
删除 topic：
[root@master bin]# ./kafka-topics.sh --delete --zookeeper master:2181 --topic newland
Topic newland is marked for deletion. Note: This will have no impact if delete.topic.enable is not set to true.
[root@master bin]# ./kafka-topics.sh --list --zookeeper master:2181 # 没有输出：

发送消息 / 接收消息：

[root@master kafka_2.11-2.4.1]# bin/kafka-console-producer.sh --broker-list master:9092 --topic test

hello test

hello kafka

hello borker

hello aaa

bbb

ccc

ddd

[root@slave1 bin]# ./kafka-console-consumer.sh --topic test --bootstrap-server master:9092,slave1:9092,slave2:9092 --from-beginning

hello slave1

hello kafka

kafka is testing

hello aaa

bbb

ccc

ddd

查看分区：

[root@slave1 bin]# ./kafka-topics.sh --describe --zookeeper master:2181 --topic test

Topic: test   PartitionCount: 1   ReplicationFactor: 1   Configs:
    Topic: test   Partition: 0   Leader: 1   Replicas: 1   Isr: 1

Kafka tools 可以查看消息记录，如图 5-17 所示。

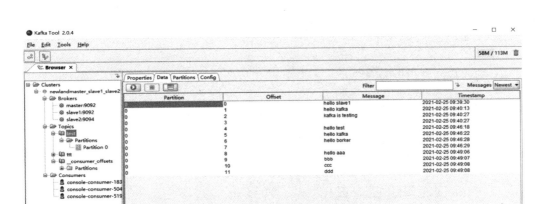

图 5-17　Kafka tools 查看消息记录

Kafka 添加消息，如图 5-18 所示。

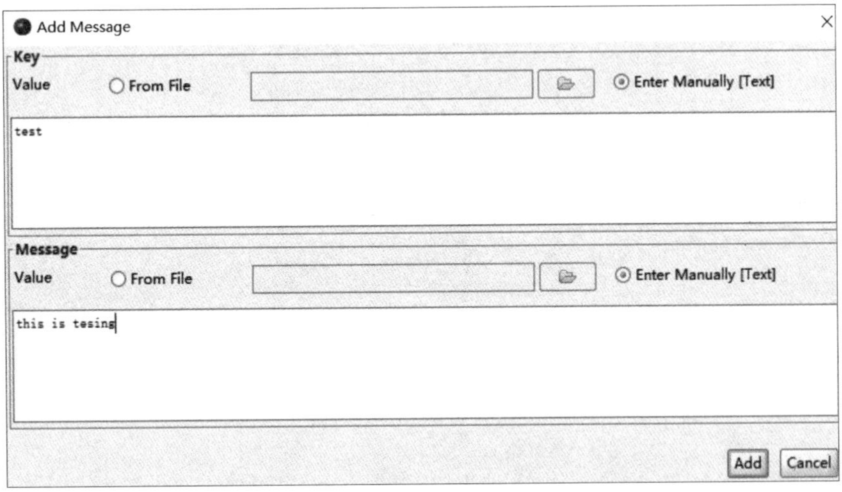

图 5-18　Kafka 添加消息

然后查看消息。

[root@master bin]# ./kafka-console-consumer.sh --bootstrap-server master:9092 --topic test20210225
this is testing

思考题

1. 简述数据离线采集原理。

2. 作为 Hadoop 的生态系统组件之一的 Sqoop，其主要功能是什么？

3. 简述 Sqoop 导入导出数据的原理。

4. 简述 Flume 的数据处理流程。

5. Flume 的工作机制是什么？

6. 为什么要用 Flume 导入 HDFS？HDFS 的构架是什么样的？

第六章
大数据查询系统搭建与应用

在构建大数据所需的数据查询分析系统时，要考虑面向快速查询及分析的 OLAP 系统，还要考虑针对不同数据查询分析需求，如 MOLAP、ROLAP、实时 OLAP，以及数据检索等，根据用户分析、查询需求构建完整的大数据查询系统。本章主要以实际工作中联机数据分析和多维数据分析为场景，介绍数据的采集及数据可视化业务，同时介绍数据访问权限问题。

- ●**职业功能：** 大数据所需的数据查询分析系统构建与应用。
- ●**工作内容：** 根据软件使用需求，安装或编译各类大数据功能组件；根据数据平台构建联机事物分析系统，并进行即席查询；根据检索引擎创建索引库，并进行数据检索；使用交互式查询工具创建数据接口，并提供对外服务接口。
- ●**专业能力要求：** 能够安装 Presto 作为 ROLAP 查询工具；能够使用 SQL 命令操作 Presto 进行数据查询；能够安装 Kylin 作为 MOLAP 查询工具；能够使用 SQL 命令操作 Kylin 进行数据查询；能够安装 Druid 并使用 Druid 平台进行数据查询与分析；能够安装 Logstach、ElasticSearch、Kibana 作为数据检索系统。
- ●**相关知识要求：** ROLAP 原理及对应工具、数据同步方法；Presto 查询原理及操作；MOLAP 原理与对应工具及操作、时序型数据库的原理；Druid 数据库的安装及操作；数据检索的原理，ELK 技术栈相关知识；数据权限管理规范，管理用户访问数据的方法。

第一节　ROLAP 系统搭建与应用

目前的数据处理大致可以分成两大类：联机事务处理 OLTP、联机分析处理 OLAP。OLTP 是传统的关系型数据库的主要应用，是基本的、日常的事务处理关系型数据库，例如 MySQL 中的数据。OLAP 是数据仓库系统的主要应用，支持复杂的分析操作，侧重对决策者做出决策支持，并且提供可视化的查询报表。联机分析处理的用户是企业中的专业分析人员及管理决策人员，他们在分析业务经营数据时，从不同维度来探究衡量指标。例如分析销售数据，可能会涉及销售时间、产品类别、销售省份、地区分布、客户类型等多种因素。根据这些维度可以生成不同需求的销售报表，各个分析维度的不同组合又可以生成不同的报表，决策者可以根据不同的报表做出不同时期或阶段的决策。

OLAP 的目标是满足决策支持或多维组合成特定的查询生成报表，它的技术核心是"维"这个概念，因此 OLAP 也可以说是多维数据分析工具的集合。

一、ROLAP 原理及对应工具

OLAP 系统按照其存储器的数据存储格式可以分为关系 OLAP（Relational OLAP，简称 ROLAP）、多维 OLAP（Multidimensional OLAP，简称 MOLAP）和混合型 OLAP（Hybrid OLAP，简称 HOLAP）三种类型。

ROLAP 将分析用的多维数据存储在关系数据库中，并根据实际工作需要，有选择地定义针对性的实视图保存在关系数据库中。把频繁查询或计算量大的查询作为实视图保存在关系型数据库中，供随时调用查询，而那些简单的查询不做实视图保存。为了提高查询效率，优先调用已保存的视图作为查询的基础。与此同时，对 ROLAP 存储器的 RDBMS 也要进行针对性优化，例如并行存储、并行查询、并行数据处理、基于成本的查询优化、位图索引等。这样做的目的就是提升查询效率，优化查询结果，为分析、决策者正确决策提供可信依据。下面介绍并行处理工具 Presto。

（一）ROLAP 查询工具 Presto 简介

上面提到并行处理是提升查询效率的方式，MPP (massively parallel processing) 就是大规模并行处理。在 MPP 集群中，每个节点享有独立的磁盘和内存资源，每个节点通过集群间网络互相连接，彼此协同处理，作为一个整体提供数据服务。简单来说，MPP 是将任务并行分发到多个服务器和计算节点上，在每个节点上计算完成后，将各自处理的部分的结果汇总在一起，得到最终的结果，也就是分散任务，汇总结果。对于大规模并行处理架构的软件来说，聚合操作一般分为两步完成，例如要计算某张表的总条数，第一步先进行局部聚合（每个节点并行计算），第二步把局部汇总结果进全局聚合（与 Hadoop 相似）。

Presto 是一种基于 MPP 架构的分布式 SQL 查询引擎，也是一个优秀的、旨在查询分布在一个或多个异构数据源上的大型数据集。

Presto 系统节点有两种类型：协调器（coordinator）和执行器（worker）。每个 Presto 集群安装都必须有一个 Presto 协调器和一个或多个执行器。如果出于开发或测试目的，也可以将单个 Presto 实例配置为执行这两种角色（类似 Hadoop 伪分布式模式）。

协调器负责解析语句、规划查询和管理 Presto 执行器的服务器。它是 Presto 安装的"大脑"，也是客户端连接以提交执行语句的节点。协调节点跟踪每个工作节点的活动，并协调查询语句的执行。它会创建一个涉及一系列阶段的查询逻辑模型，然后将其转换为一系列在 Presto 执行器集群上运行的连接任务。协调节点使用 REST API 与执行器及客户端进行通信。

执行器是 Presto 中负责执行任务和处理数据的服务器。执行器从连接器获取数据并相互交换中间数据。协调器负责从工作程序中获取结果并将最终结果返回给客户端。每当 Presto 工作进程启动时，集群中的执行器会将自己的信息告知给协调器的发现服务器，使得协调节点可以用这些执行器来执行任务。执行器也是使用 REST API 与其他执行器和协调器进行通信。

（二）安装 Presto

Presto 的安装分为三部分：presto-server-xxx.tar.gz，presto-cli-xxx-executable.jar 和 yanagishima。其中 presto-server 为其系统核心组件，presto-cli 为命令行客户端，yanagishima 为可视化客户端。

1. 安装 presto-server

安装 presto-server 需要包含以下四个步骤。

- 节点属性：特定于每个节点的环境配置。
- JVM 配置：Java 虚拟机的命令行选项。
- 配置属性：Presto 服务器的配置。
- 目录属性：连接器（数据源）的配置。

将 presto-server-xxx.tar.gz 解压至 ~/soft 目录下。

```
[newland@master pkg]$ tar -zxf presto-server-0.196.tar.gz -C /home/newland/soft/
```

presto 需要一个数据目录用来存储日志信息，根据官方建议，在安装目录之外创建一个数据目录，这样升级 Presto 时可以轻松保存数据。

```
[newland@master pkg]$ mkdir -p /home/newland/data/presto/data
```

接着进入 Presto 安装路径，在其根目录下，创建名为 etc 的配置文件目录。

```
[newland@master presto-server-0.196]$ mkdir etc
[newland@master presto-server-0.196]$ cd etc
```

2. 节点属性

在 etc 目录下，创建节点属性文件 node.properties。节点属性文件包含特定于每个节点的配置，此文件通常由部署系统在首次安装 Presto 时创建，以下是最小的配置内容。

[newland@master etc]$ vim node.properties
node.environment=production
node.id=master
node.data-dir=/home/newland/data/presto/data

上述属性描述如下：

node.environment：环境名称。集群中的所有 Presto 节点必须具有相同的环境名称。默认命名为 production，即生产环境。

node.id：此 Presto 节点的唯一标识符。这对于每个节点必须是唯一的。此标识符应在 Presto 重新启动或升级期间保持一致。如果在一台机器上运行多个 Presto 节点（即同一台机器上的多个节点），每个节点必须有一个唯一的标识符。

node.data-dir：数据目录的位置（文件系统路径）。Presto 将在这里存储日志和其他数据。

3. JVM 配置

在 etc 目录下，创建 JVM 配置文件 jvm.config。JVM 配置文件包含用于启动 Java 虚拟机的命令行选项列表。该文件的格式是一个选项列表，每行一个。这些选项不被 shell 解释，因此不应该包含空格或其他特殊字符。

[newland@master etc]$ vim jvm.config
-server
-Xmx16G
-XX:+UseG1GC
-XX:G1HeapRegionSize=32M
-XX:+UseGCOverheadLimit
-XX:+ExplicitGCInvokesConcurrent
-XX:+HeapDumpOnOutOfMemoryError
-XX:+ExitOnOutOfMemoryError

4. 配置属性文件

在 etc 目录下，创建配置属性文件 config.properties。配置属性文件包含 Presto 节点的配置内容。每个 Presto 节点既可以充当协调器，也可以充当执行器，但是将一台机器专门用于执行协调工作，可以在更大的集群上提供最佳性能。以下是协调器和执行器的最小配置，可以先在 master 节点上完成所有配置后，将 presto-server 目录复制到其他节点，再修改此对应的配置项。同时，我们也附加了单个实例同时用作协调器和执行器的配置方式，供测试使用。

[newland@master etc]$ vim config.properties
# 以下是协调器的最小配置：
coordinator=true
node-scheduler.include-coordinator=false
http-server.http.port=8881
query.max-memory=50GB
query.max-memory-per-node=1GB
query.max-total-memory-per-node=2GB
discovery-server.enabled=true
discovery.uri=http://master:8881
# 以下是执行器的最小配置：
coordinator=false
http-server.http.port=8881
query.max-memory=50GB
query.max-memory-per-node=1GB
query.max-total-memory-per-node=2GB
discovery.uri=http://slave1:8881
# 以下是单个实例同时用作协调器和执行器的配置：
coordinator=true

```
node-scheduler.include-coordinator=true
http-server.http.port=8881
query.max-memory=5GB
query.max-memory-per-node=1GB
query.max-total-memory-per-node=2GB
discovery-server.enabled=true
discovery.uri=http://master:8881
```

这些属性的配置说明如下：

coordinator：允许这个 Presto 节点充当协调器，接收来自客户端的查询并管理查询执行。

node-scheduler.include-coordinator：允许在协调器上安排工作。对于较大的集群，协调器上的处理工作会影响查询性能，因为机器的资源无法用于调度、管理和监控查询执行的关键任务。

http-server.http.port：指定 HTTP 服务器的端口。Presto 使用 HTTP 进行所有内部和外部通信。

query.max-memory：查询可以使用的最大分布式内存量。

query.max-memory-per-node：查询可以在任何一台机器上使用的最大用户内存量。

query.max-total-memory-per-node：查询在任何一台机器上可能使用的最大用户和系统内存量，其中系统内存是读取器、写入器和网络缓冲区等在执行过程中使用的内存。

discovery-server.enabled：Presto 使用 Discovery 服务查找集群中的所有节点。每个 Presto 实例都会在启动时向 Discovery 服务注册自己。为了简化部署并避免运行额外的服务，Presto 协调器可以运行一个嵌入式版本的 Discovery 服务。它与 Presto 共享 HTTP 服务器，因此使用相同的端口。

discovery.uri：发现服务器的 URI。因为在 Presto 协调器中启用了 Discovery

的嵌入式版本，所以应该设置为 Presto 协调器的 URI。此 URI 不得以斜杠结尾。

除此之外，还可以配置以下属性：

jmx.rmiregistry.port：指定 JMX RMI 注册表的端口。JMX 客户端应该连接到这个端口。

jmx.rmiserver.port：指定 JMX RMI 服务器的端口。Presto 导出许多可用于通过 JMX 进行监控的指标。

5. 目录属性文件

Presto 中，目录的概念相当于数据源的概念，目录中的目录属性文件则相当于一个个数据源实例。Presto 通过连接器访问数据，连接器安装在目录中。连接器提供目录中的所有模式和表。

通过在目录中创建目录属性文件来注册目录，这里演示使用 Hive 作为数据源。

```
[newland@master etc]$ mkdir catalog
[newland@master etc]$ cd catalog
[newland@master catalog]$ vim hive.properties
connector.name=hive
hive.metastore.uri=thrift://master:9083
```

这些属性的配置说明如下：

connector.name：连接的数据源的名称。

hive.metastore.uri：Hive 元数据服务器的接口。

除此之外，还可以配置如 etc/log.properties，同时配置日志的显示级别，如：com.facebook.presto=INFO，将日志输出级别修改为 INFO。可修改的级别有：DEBUG，INFO，WARN 和 ERROR。

配置完以上属性后，将 presto-server-0.196 文件发送至其他节点中，并修改 node.properties 和 config.properties 文件内容。

Presto 的服务启动方式分为两种：一种是在前台启动，即会在启动的终端控制台直接输出日志；另一种是在后台启动，日志信息可以在前面创建的日志路径中查看。

启动之前，请确保 Hadoop 的 HDFS 和 Hive 的 Metastore 服务都已经启动。

前台启动方式如下。

```
[newland@master presto-server-0.196]$ bin/launcher run
```

后台启动方式如下。

```
[newland@master presto-server-0.196]$ bin/launcher start
Started as 13381
[newland@master presto-server-0.196]$ jps
13381 PrestoServer
```

前台启动的方式可以通过 CTRL+C 键终止进程，后台启动的方式，可以使用以下命令关闭服务。

```
[newland@master presto-server-0.196]$ bin/launcher stop
```

6. 安装 Presto-cli

安装 Presto-cli，只需要将其解压到 Presto 的安装路径下，并设置权限，即可使用。

```
[newland@master presto-server-0.196]$ cp /home/newland/pkg/presto-cli-0.196-executable.jar ./
[newland@master presto-server-0.196]$ mv presto-cli-0.196-executable.jar presto
[newland@master presto-server-0.196]$ chmod +x presto
```

接着便可启动 Presto 的命令行终端。

```
[newland@master presto-server-0.196]$ ./presto --server master:8881 --catalog hive --schema default
presto:default>
```

使用"exit"命令即可退出命令行终端。

7. 安装 yanagishima

yanagishima 是一个可以连接 Presto 和 Hive 的可视化网页客户端,开源于 github 上的源码需要编译为 yanagishima-18.0.zip。编译后的 yanagishima-18.0.zip 位于 build/distributions 路径下。

解压该压缩包至 soft 路径下。

```
[newland@master pkg]$ unzip yanagishima-18.0.zip -d /home/newland/soft/
[newland@master pkg]$ cd /home/newland/soft/yanagishima-18.0
```

yanagishima 的配置文件位于 conf 路径下的 yanagishima.properties 文件中,编辑该文件,修改以下配置项。

```
[newland@master yanagishima-18.0]$ vim conf/yanagishima.properties
jetty.port=7080
presto.datasources= production
presto.coordinator.server.production=http://master:8881
catalog.production=hive
schema.production=default
```

保存并退出后,启动 yanagishima 服务。

```
[newland@master yanagishima-18.0]$ bin/yanagishima-start.sh &
```

打开浏览器,访问 7080 端口,便可登录 yanagishima 界面,如图 6-1 所示。

二、Presto 查询原理及操作方法

(一) Presto 查询流程

Presto 的查询处理流程如图 6-2 所示。

· 由 Client 发送一个执行 SQL 到 Presto 的调节器。

· 集群中的执行器向调节器中的 Discovery service(发现服务)发送自己的信息进行注册。

图6-1 yanagishima 首页

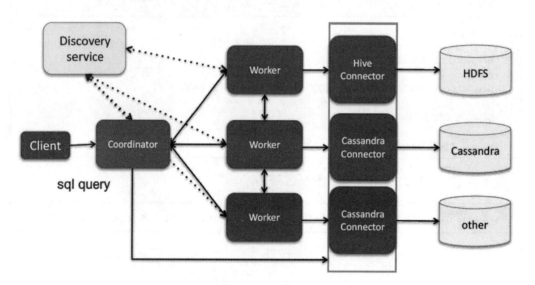

图6-2 Presto 查询过程

·协调器通过发现服务获取注册的 Worker 节点后,将查询工作分发给每一个执行器。

·各执行器访问连接器,连接器对数据存储层进行抽象。

·连接器会访问各个数据存储系统,并返回查询结果。

当 Presto 解析一条语句时,它会将其转换为查询并创建分布式查询计划,然后将其实现为在 Presto 工作线程上运行的一系列相互关联的阶段。当 Presto 执行查询时，它通过将执行分解为阶段层次结构来实现。例如，如果 Presto 需要从存储在 Hive 中的 10 亿行中聚合数据，它会通过创建一个根阶段来聚合其他几个阶段的输出，所有这些阶段都旨在实现分布式查询计划的不同部分。以下将介绍这几个不同的概念。

阶段：组成查询的阶段层次结构类似于一棵树。每个查询都有一个根阶段，负责聚合其他阶段的输出。阶段是协调器用来为分布式查询计划建模的东西，但阶段本身并不在 Presto 执行器上运行。

任务：任务是 Presto 架构中的"工作马"，因为分布式查询计划被解构为一系列阶段，然后将这些阶段转换为任务，并执行或处理拆分。Presto 任务具有输入和输出，就像一个阶段可以由一系列任务并行执行一样，任务与一系列驱动程序并行执行。

拆分：任务对作为较大数据集的部分的拆分进行操作。位于分布式查询计划最低级别的阶段通过从连接器进行拆分来检索数据，而位于更高级别的分布式查询计划的中间阶段则从其他阶段检索数据。当 Presto 调度查询时，协调器将查询连接器，以获取可用于表的所有拆分的列表。协调器跟踪哪些机器正在运行哪些任务，以及哪些任务正在处理和拆分。

驱动：任务包含一个或多个并行驱动程序。驱动程序对数据进行操作，并组合运算符以产生输出，然后由任务聚合，在另一个阶段交付给另一个任务。驱动程序是一系列操作符实例，或者可以将驱动程序视为内存中的一组物理操作符。它具有 Presto 架构中最低级别的并行性。一个驱动器有一个输入和一个输出。

操作器：操作器使用、转换和生成数据。

交换器：交换器在查询的不同阶段在 Presto 节点之间传输数据。任务将数据生成到输出缓冲区中，并使用交换器客户端处理来自其他任务的数据。

（二）可视化查询界面介绍

在可视化查询界面，可以通过选择我们所设置的目录，来制定要查询的环境，可视化页面的构成非常简单，在其首页便可看到数据的表结构，并且可以在上方的 Datasource 按钮中，切换集群的引擎，选择使用 Presto 或者是 Hive 等，现实的内容取决于配置文件中的配置内容。

在首页的 Schema 中，Presto 会自动同步 Hive 中的数据内容，因此很方便查看库、表、字段等结构的信息，如图 6-3 所示。

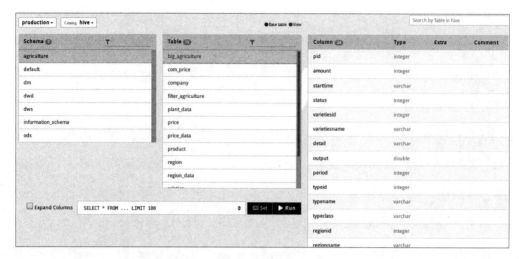

图 6-3　库表及字段结构显示样式

下方的 Expand Columns 旁的查询框中，已经提供了常见的数据观察的代码，可以直接选择，并点击"Run"按钮执行，如图 6-4 所示。

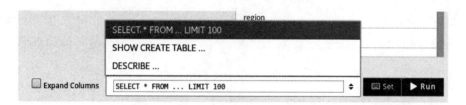

图 6-4　数据观察下拉框

也可以在上方的查询框中，输入查询数据的 SQL 语句，查询 Hive 中的数据。SQL 的语法与在 Hive 中输入的语法一致，运行结果会在 Result 标签中显示。如图 6-5 所示。

图 6-5　数据查询结果

第二节　MOLAP 系统搭建与应用

一、MOLAP 原理与对应工具介绍

MOLAP 是一种通过预计算数据立方（Cube）的方式加速查询的 OLAP 引擎，它的核心思想是"空间换时间"，典型代表包括 Druid 和 Kylin。

（一）Kylin 简介

Apache Kylin，中文名麒麟，是 Hadoop 生态圈的重要成员。Apache Kylin 是一个开源的分布式分析引擎，提供 Hadoop/Spark 之上的 SQL 查询接口及多维分析（OLAP）能力以支持大规模数据，最初由 eBay 开发并贡献至开源社区。它能够处理 TB 乃至 PB 级别的分析任务，在亚秒级查询巨大的 Hive 表，并支持高并发。

其有以下特点：

· 可扩展的超快 OLAP 引擎。

· 提供 ANSI-SQL 接口。

· 交互式查询能力。

· 引入 MOLAP Cube 的概念以加速分析过程。

· 支持 JDBC/RESTful 等访问方式，与 BI 工具可无缝整合。

Kylin 的核心思想是利用空间换时间，它通过预计算，将查询结果预先存储到 HBase 上，以加快数据处理效率。

Kylin 官网网站是 http：//kylin.apache.org/。

其技术架构如图 6-6 所示。

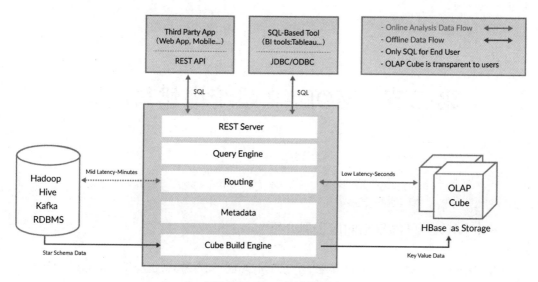

图 6-6　Kylin 技术架构

在线查询模式主要处于上半部分，离线构建处于下半部分。以下为 Kylin 技术架构的具体内容：

·数据源主要是 Hadoop Hive，数据以关系表的形式输入，且必须符合星形模型，保存着待分析的用户数据。根据元数据的定义，构建引擎从数据源抽取数据，并构建 Cube。

·Kylin 可以使用 MapReduce 或者 Spark 作为构建引擎。构建后的 Cube 保存在右侧的存储引擎中，一般选用 HBase 作为存储。

·完成了离线构建后，用户可以从上方查询系统发送 SQL 进行查询分析。

·Kylin 提供了各种 Rest API 和 JDBC/ODBC 接口。无论从哪个接口进入，SQL 最终都会来到 Rest 服务层，再转交给查询引擎进行处理。

·SQL 语句是基于数据源的关系模型书写的，而不是 Cube。

Kylin 在设计时，刻意对查询用户屏蔽了 Cube 的概念。分析师只需要理解简单的关系模型就可以使用 Kylin，没有额外的学习门槛，传统的 SQL 应用也很容易迁移。查询引擎解析 SQL，生成基于关系表的逻辑执行计划，然后将其转译为基于 Cube 的物理执行计划，最后查询预计算生成的 Cube 并产生结果，整个过程不会访问原始数据源。

（二）Kylin 集群搭建

1. 环境说明

Kylin 版本的选择是 apache-kylin-2.6.6-bin-hbase1x.tar.gz。

在 master 节点上解压 Kylin，并创建软件连接。

```
[root@master ~]# cd /home/newland/pkg/
[root@master pkg]# tar -zxvf apache-kylin-2.6.6-bin-hbase1x.tar.gz -C ../soft
[root@master pkg]# cd ../soft
[root@master soft]# ln -s apache-kylin-2.6.6-bin-hbase1x kylin
[root@master soft]# ls
apache-kylin-2.3.2-bin-hbase1x   kylin
```

2. 配置环境变量

[root@master soft]# vi /etc/profile

export KYLIN_HOME=/home/newland/soft/kylin

export PATH=$KYLIN_HOME/bin:$PATH

使环境变量生效

[root@master soft]$ source /etc/profile

3. Hive 安装目录在每个节点都需要

[root@master soft]$ scp -r apache-hive-2.3.0-bin root@slave1:/home/newland/soft/

[root@master soft]$ scp -r apache-hive-2.3.0-bin root@slave2:/home/newland/soft/

4. 修改 kylin.properties 配置文件

[root@master conf]$ vi kylin.properties

配置节点类型（kylin 主节点模式为 all，从节点的模式为 query）

kylin.server.mode=all

 #kylin 集群节点配置

kylin.server.cluster-servers=master:7070,slave1:7070,slave2:7070

定义 kylin 用于 MR jobs 的 job.jar 包和 hbase 的协处理 jar 包，用于提升性能（添加项）

kylin.job.jar=/home/newland/soft/kylin/lib/kylin-job-2.3.2.jar

kylin.coprocessor.local.jar=/home/newland/soft/kylin/lib/kylin-coprocessor-2.3.2.jar

5. Kylin 安装目录同步其他节点

[root@master soft]$ scp -r apache-kylin-2.6.6-bin-hbase1x root@slave1:/home/newland/soft/

[root@master soft]$ scp -r apache-kylin-2.6.6-bin-hbase1x root@slave2:/home/newland/soft/

6. 修改其他节点 kylin.properties 配置文件

```
[root@slave1 soft]# ln -s apache-kylin-2.6.6-bin-hbaselx kylin
[root@slave1 conf]# vi kylin.properties
```

```
# 从节点为 query 模式
kylin.server.mode=query
```

7. 服务启动

（1）启动 Zookeeper 集群。

（2）启动 Hadoop 集群。

```
# 启动 hdfs
[root@master hadoop-2.7.2]# sbin/start-dfs.sh
# 启动 yarn
[root@master hadoop-2.7.2]# sbin/start-yarn.sh
# 开启 jobhistoryserver
[root@master hadoop-2.7.2]# sbin/mr-jobhistory-daemon.sh start historyserver
```

（3）启动 HBase 集群。

```
[root@newland hbase-1.3.1]# bin/start-hbase.sh
```

（4）启动 Hive。

```
# 启动 mysql 服务
[root@master soft]# sudo service mysqld start
# 启动 hive Metastore
[root@master apache-hive-2.3.0-bin]# bin/hive --service metastore
```

```
SLF4J: Class path contains multiple SLF4J bindings.
SLF4J: Found binding in [jar:file:/home/newland/soft/hbase-1.3.1/lib/slf4j-log4j12-1.7.5.jar!/org/slf4j/impl/StaticLoggerBinder.class]
```

SLF4J: Found binding in [jar:file:/home/newland/soft/hadoop-2.7.2/share/hadoop/common/lib/slf4j-log4j12-1.7.5.jar!/org/slf4j/impl/StaticLoggerBinder.class]

SLF4J: See http://www.slf4j.org/codes.html#multiple_bindings for an explanation.

SLF4J: Actual binding is of type [org.slf4j.impl.Log4jLoggerFactory]

2021-03-17 21:15:31,260 WARN [main] util.NativeCodeLoader: Unable to load native-hadoop library for your platform... using builtin-java classes where applicable

Starting Hive Metastore Server

8. 依赖检查（所有 Kylin 节点检查）

执行下面检查命令会在 hdfs 上创建 kylin 目录

[root@master bin]# ./check-env.sh

#hive 依赖检查

[root@master bin]# ./find-hive-dependency.sh

Retrieving hive dependency...

9. 启动 Kylin 服务

所有节点启动 bin/kylin.sh start。

访问地址 http://master:7070/kylin（其他节点也可以访问），登录界面如图 6-7 所示。

图 6-7　Kylin 登录界面

默认账号密码为 admin/KYLIN。

二、Kylin 查询原理及操作方法

（一）使用 SQL 命令操作 Kylin 进行数据查询

启动 Kylin 后运行 sample.sh 脚本（任意集群节点运行均可），用 ./sample.sh 导入 sample 数据模型，创建 Cube（数据立方）成功之后，系统会提示重启 Kylin 或者重新加载元数据让数据生效，查看 Hive 查询导入数据，如图 6-8 所示。

```
hive> show tables;
OK
department
employee
kylin_account
kylin_cal_dt
kylin_category_groupings
kylin_country
kylin_intermediate_cube_kylin_test_d89fd92c_1d36_4ec0_9590_2f9edc783dee
kylin_intermediate_cube_test_13c3ce86_dbf8_404e_aa10_8f7763f7f1b5
kylin_intermediate_kylin_cube_7164a05b_1a65_4da7_b72f_d3b2e8e44df8
kylin_intermediate_kylin_cube_test_3f944329_7804_42f7_bd6b_913167857b56
kylin_intermediate_kylin_sales_cube_061016ce_5724_41ea_b28d_1316cd7646e4
kylin_intermediate_kylin_sales_cube_505633ef_a28e_457a_8727_6ab7d385f8d0
kylin_intermediate_kylin_sales_cube_d57310c1_ae26_49be_8d40_eac6023b3dd6
kylin_intermediate_kylin_test_model_cube_90bbb325_32a9_43d5_89dc_87bef5f26539
kylin_intermediate_test_cube_61729db4_b64f_4549_9cd8_5d3ea83da09b
kylin_sales
stu
Time taken: 0.946 seconds, Fetched: 17 row(s)
hive>
```

图 6-8 Hive 查询导入数据

查看 HBase 中的数据多了一个 kylin_metadata 元数据表，如图 6-9 所示。

```
hbase(main):001:0> list
TABLE
KYLIN_91XSFJB7TM
KYLIN_EP41KDPLGJ
KYLIN_G77DXPVWVC
KYLIN_NCF7E6R8KG
kylin_metadata
myhbase
6 row(s) in 0.7140 seconds

=> ["KYLIN_91XSFJB7TM", "KYLIN_EP41KDPLGJ", "KYLIN_G77DXPVWVC", "KYLIN_NCF7E6R8KG", "kylin_metadata", "myhbase"]
hbase(main):002:0>
```

图 6-9 HBase 查看元数据表

默认的有一个 cube 需要 Build，learn_kylin 数据集 cube 构建如图 6-10 所示。

这一步会比较耗时，因为这步会进行预计算，默认是 MapReduce 作业。Build 成功之后，可以到 HBase 里面去找对应的表，同时 cube 状态变为 ready，表示可查询，Kylin cube 如图 6-11 所示。

图 6-10　learn_kylin 数据集 cube 构建

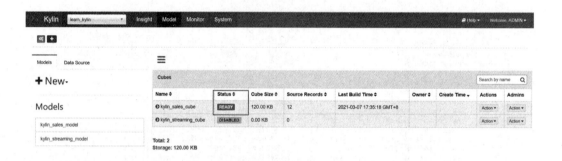

图 6-11　Kylin cube 构建完成

Kylin 的数据查询：

· 通过 Kylin 利用 SQL 语句：

select * from kylin_sales;

查看 kylin_sales 表数据，如图 6-12 所示。

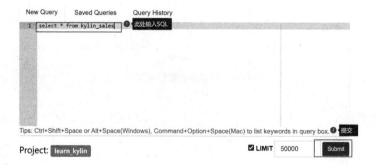

图 6-12　在 Kylin 中使用 SQL 查询

·Kylin 查询结果如图 6-13 所示。

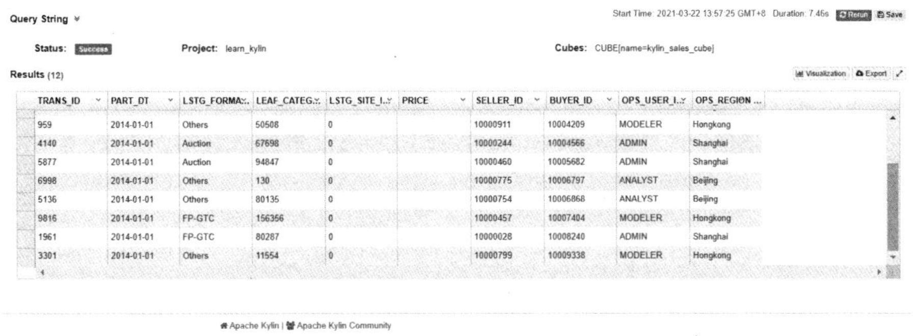

图 6-13　Kylin 查询结果

查询构建完成的 cube，先运行简单的查询，如图 6-14 所示，看到耗时 7.46 s。再次执行基本瞬间返回数据，如图 6-15 所示，基本是毫秒级别就可以查询出来，这是因为 Kylin 支持缓存的功能。

图 6-14　Kylin 第一次查询时间统计

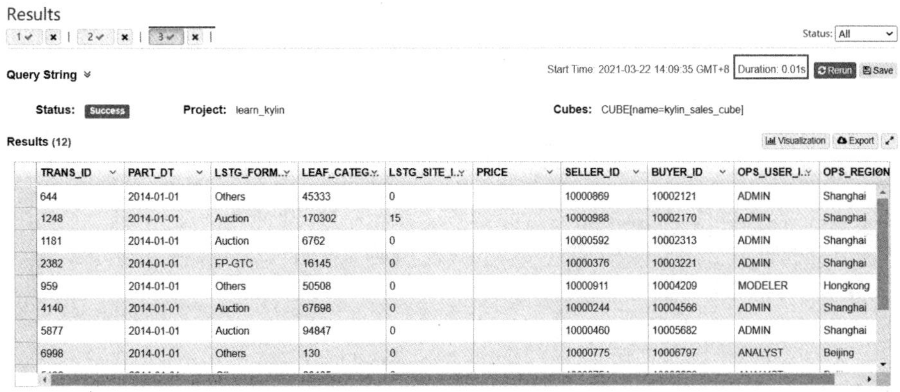

图 6-15　Kylin 再次提交查询时间统计

通过 Kylin 利用 SQL 语句进行查询：

```
select part_dt,sum(price)as total_selled,count(distinct seller_id)as sellers from kylin_sales group by part_dt order by part_dt;
```

查看 kylin_sales 表数据，耗时 2.99 s，如图 6-16 所示。

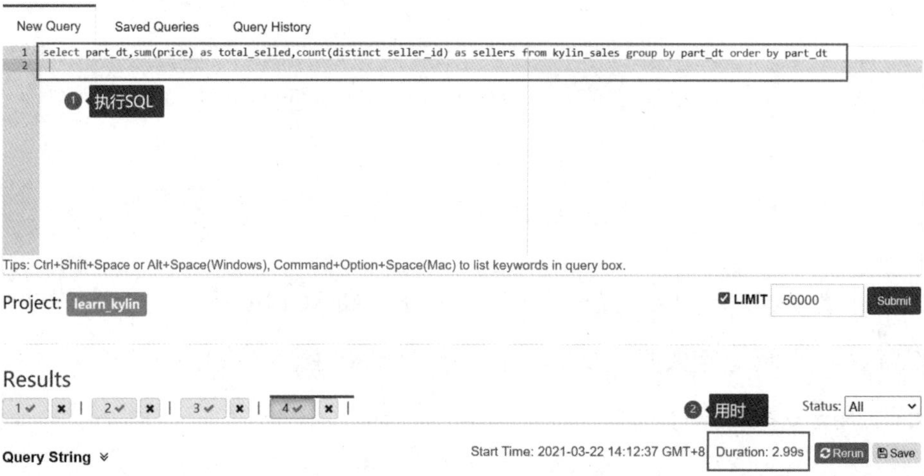

图 6-16　Kylin 复杂查询耗时统计

通过 Kive 利用 SQL 语句进行查询：

```
select count(*)from kylin_sales;
```

查看 kylin_sales 表数据，耗时 24.9 s。

对比可以看出 Hive 底层生成两个 job，完成查询耗时 115 s。可见 Kylin 查询效率非常高，如图 6-17、图 6-18、图 6-19 所示。

图 6-17　Hive 查询耗时统计对比 1

```
    set mapreduce.job.reduces=<number>
Starting Job = job_1616384256695_0001, Tracking URL = http://slave01:8088/proxy/application_1616384256695_0001/
Kill Command = /home/hadoop/app/hadoop/bin/hadoop job  -kill job_1616384256695_0001
Hadoop job information for Stage-1: number of mappers: 1; number of reducers: 1
2021-03-22 14:29:49,741 Stage-1 map = 0%,  reduce = 0%
2021-03-22 14:30:08,455 Stage-1 map = 100%,  reduce = 0%, Cumulative CPU 3.32 sec
2021-03-22 14:30:21,947 Stage-1 map = 100%,  reduce = 100%, Cumulative CPU 6.3 sec
MapReduce Total cumulative CPU time: 6 seconds 300 msec
Ended Job = job_1616384256695_0001
Launching Job 2 out of 2
Number of reduce tasks determined at compile time: 1
In order to change the average load for a reducer (in bytes):
    set hive.exec.reducers.bytes.per.reducer=<number>
In order to limit the maximum number of reducers:
    set hive.exec.reducers.max=<number>
In order to set a constant number of reducers:
    set mapreduce.job.reduces=<number>
Starting Job = job_1616384256695_0002, Tracking URL = http://slave01:8088/proxy/application_1616384256695_0002/
Kill Command = /home/hadoop/app/hadoop/bin/hadoop job  -kill job_1616384256695_0002
Hadoop job information for Stage-2: number of mappers: 1; number of reducers: 1
2021-03-22 14:30:41,413 Stage-2 map = 0%,  reduce = 0%
2021-03-22 14:30:57,612 Stage-2 map = 100%,  reduce = 0%, Cumulative CPU 2.2 sec
2021-03-22 14:31:09,473 Stage-2 map = 100%,  reduce = 100%, Cumulative CPU 4.75 sec
MapReduce Total cumulative CPU time: 4 seconds 750 msec
```

图 6-18　Hive 查询耗时统计对比 2

```
2013-12-29      797.2707        11
2013-12-30      926.5274        19
2013-12-31      1144.2961       18
2014-01-01      574.341 12
Time taken: 115.816 seconds, Fetched: 731 row(s)
hive>
```

图 6-19　Hive 查询耗时统计对比 3

（二）配置 Kylin 与 Hive 的数据同步

Project 创建完成后，下一步就是要同步表。若要在 Kylin 中使用表，需要先将表从 Hive 同步到 Kylin 中，步骤如下：

·在 Model 菜单中选择 Data Source 中的"Load Table From Tree"，如图 6-20 所示。

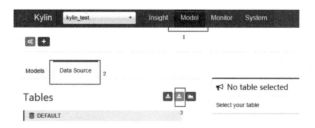

图 6-20　Hive 同步表

·点击表所在的数据库，在数据库展开的表列表中点击选择需要同步的表，最后，点击 Sync，开始表同步，如图 6-21 所示。

图 6-21　提示表同步完成

三、使用 Kylin 平台进行数据可视化展示

（一）一般信息

Kylin 的网页版提供一个简单的 Pivot 与可视化分析工具，供用户查询结果。当查询运行成功后，它将呈现一个成功指标和被访问的 Cubes 名字。同时还会呈现这个查询在后台引擎运行了多久（不包括从 Kylin 服务器到浏览器的网络通信），如图 6-22 所示。

图 6-22　Kylin 数据查询结果

（二）查询结果

能够方便地在一个列上排序，并且可以点击各字段，进行聚合或者统计，如图 6-23 所示。

（三）图形展示

导出到 CSV 文件。点击 "Export" 按钮以 CSV 文件格式保存当前结果。

图 6-23　Kylin 查询结果显示

可视化展示。同时，结果集将被方便地显示在"可视化"的不同图表中，总共有三种类型的图表：线性图、饼图和条形图。注意：线形图仅当至少一个从 Hive 表中获取的维度有真实的"Date"数据类型列时才是可用的。

选择饼图，结果如图 6-24 所示。

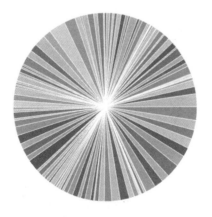

图 6-24　Kylin 数据可视化饼图

第三节 实时 OLAP 系统搭建与应用

Druid 是一个适用在大数据实时查询和分析的时序数据库系统，具有高容错、高性能并且开源的特点，目的是快速处理大规模的数据，并能够实现快速查询和分析。最突出的优势是当发生代码部署、机器故障遇到宕机等情况发生时，Druid 依然能够保持正常运行。创建 Druid 的最初意图主要是为了解决查询延迟问题，与 Hadoop 相比较而言，避免了 Hadoop 的延迟性，而在实时方面有着优秀的表现。Druid 提供了以交互方式访问数据的能力，在权衡了查询的灵活性和性能后采取了特定的数据存储格式。

一、时序型数据库的原理

Druid 的设计目标是提供一个能够在超大数据集上进行实时数据摄入与查询的平台。从设计目标而知，Druid 首先面向海量数据，小规模数据不适用；其次用于实时查询与分析。Druid 的四大关键特性如下：

一是亚秒级的 OLAP 查询分析。

·采用了列式存储、倒排索引、位图索引等关键技术。

·在亚秒级别内完成海量数据的过滤、聚合以及多维分析等操作。

二是实时流数据分析。

·传统分析型数据库采用批量导入数据进行分析的方式。

·Druid 提供了实时流数据分析，以及高效实时写入。

·实时数据在亚秒级内的查询并返回可视化结果。

三是具备丰富的数据分析功能。

·Druid 提供了友好的可视化界面。

·支持 SQL 查询语言。

·采用 REST 查询接口。

四是具有高可用性与高可拓展性。

·Druid 工作节点功能单一,不相互依赖。

·Druid 集群在管理、容错、灾备、扩容都很容易。

(一)Druid 数据流

数据分析的基础架构可以分为以下几类:

·使用 Hadoop/Spark 进行分析。

·将 Hadoop/Spark 的结果导入 RDBMS 中,提供数据分析(RDBMS 一般指关系数据库管理系统)。

·将结果注入到容量更大的 NoSQL 中,解决数据分析的存储瓶颈,例如 HBase。

·将数据源进行流式处理,对接流式计算框架,例如 Flink 和 Spark Streaming,结果保存到 RDBMS 和 NoSQL 中。

·将数据源进行流式处理,对接分析数据库,例如 Druid。

不同数据处理平台的对比如表 6-1 所示。

表 6-1　　　　　　　　不同数据处理平台的对比

对比项目	Druid	Kylin	Presto	Impala	Spark SQL	ES
亚秒级响应	Y	Y	N	N	N	N
百亿数据集	Y	Y	Y	Y	Y	Y
SQL 支持	N(开发中)	Y	Y	Y	Y	N
离线	Y	Y	Y	Y	Y	Y
实时	Y	N(开发中)	N	N	N	Y

续表

对比项目	Druid	Kylin	Presto	Impala	Spark SQL	ES
精确去重	N	Y	Y	Y	Y	N
多表 Join	N	Y	Y	Y	Y	N
JDBC for BI	N	Y	Y	Y	Y	N

·Druid：是一个按时间索引并实时处理的 OLAP 数据库，建立的索引按时间分片，按照时间的先后顺序路由连续到所有的索引。

·Kylin：采用预处理的技术，它的核心是 Cube，查询时不是首先访问原始的数据，而是预先对数据进行多维索引，通过查询索引来提升查询效率。

·Presto：它没有使用 MapReduce，动态编译执行计划，采用向量计算，不支持存储过程，比 Hive 查询效率高很多，是因为所有的处理都在内存中完成。

·Impala：基于内存运算，没有 MR，直接读取数据，所以速度快。支持的数据源没有 Presto 多。

·Spark SQL：Spark 平台上处理结构化数据是其主要优势，通过增加机器来并行计算，从而提高查询速度。

·ES：最大的特点是使用了倒排索引解决索引问题。在数据获取阶段不支持数据汇总与汇聚，ES 在数据获取和聚集用的资源比在 Druid 高。

·框架选型：从超大数据的查询效率来看，Druid > Kylin > Presto > Spark SQL。从支持的数据源种类来看，Presto > Spark SQL > Kylin > Druid。

（二）Druid 整体架构

Druid 存在多种节点类型，其总体架构如图 6-25 所示。

历史节点（Historical nodes）负责处理历史数据存储和查询历史数据（非实时）。历史节点从 deep storage 下载 Segments，将结果数据返回给 Broker 节点。Historical 加载完 Segment 通知 Zookeeper，Historical nodes 使用 Zookeeper 监控，看看需要加载或者删除哪些新的 Segments。

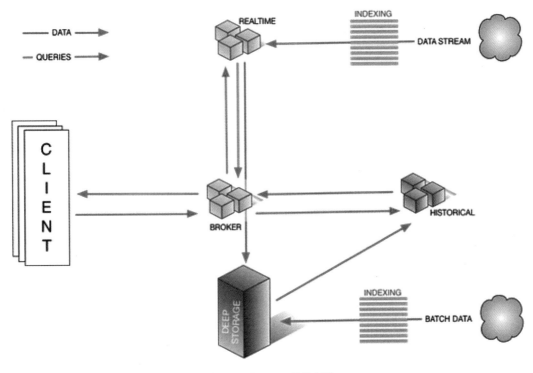

图 6-25　Druid 总体架构

Coordinator nodes 协调节点对历史节点的分组进行监控，以确保数据可用，以及做到最佳配置。协调节点通过从元数据存储中读取元数据信息，判断哪些 Segments 是应该加载到集群的。同时，使用 Zookeeper 判断哪些历史节点是存活的，在 Zookeeper 中创建任务条目，告诉历史节点去加载和删除 Segments。

Broker nodes 代理节点接收来自外部 Client 的查询请求，并转发这些请求给实时节点和历史节点。当代理节点接收到结果时，将来自实时节点和历史节点的结果合并返回给调用方。为了知道整个拓扑结构，代理节点通过使用 Zookeeper 确定哪些实时节点和历史节点存活。

Indexing Service 索引服务节点由多个 worker 组成的集群，负责为加载批量的和实时的数据创建索引，并且允许对已经存在的数据进行修改。

Realtime nodes 实时节点负责加载实时数据到系统中，在生产使用中实时节点比索引服务节点更容易搭建。

集群把协调节点和代理节点分离、历史和实时处理分离、查询的需求分离，是为了在整个集群中维护良好的数据分布。

所有的节点都是以高可用的方式运行,无论是作为无共享集群还是热插拔故障转移节点,都是同等看待。

除了这些节点还有三个外部依赖系统:

- ZooKeeper 集群负责维护系统的拓扑结构和节点的负载均衡。
- 元数据实例系统主要用于用户维护系统中 Segments 的元数据。
- 深度存储系统主要用于负责存储 Segments(如 HDFS、S3)。

(三)安装 Druid 作为实时数据查询系统

1. 集群的规划

由于 Druid 采用分布式设计,其中不同类的节点各司其职,故在实际部署中首选对各类节点进行统一规划,从功能上可以分为三个部分:

- Master:管理节点,包含协调节点(coordinator)和统治节点(overlord),负责管理数据写入任务和容错相关处理。
- Data:数据节点,包含历史节点和中间管理者,负责历史数据的加载和查询和数据写入处理。
- Query:查询节点,包含查询节点和 Pivot Web 界面,负责提供数据查询接口和 Web 交互式查询。

安装 Druid 的主从机设置如表 6-2 所示。

表 6-2　　　　　　安装 Druid 的主从机设置

主机名称	IP 地址	角色	数据库
Master	192.168.133.138	zk、kafka、druid(overload、coordinator)	MySQL
Slave1	192.168.133.137	zk、kafka、druid(middleManager、historical)	
Slave2	192.168.133.136	zk、kafka、druid(broker、router)	

2. 下载并解压 Druid 软件包

- 下载 imply。

- 直接上传解压。
- 配置 imply-3.0.4。

# common.runtime.properties 配置
druid.extensions.directory=dist/druid/extensions
druid.extensions.hadoopDependenciesDir=dist/druid/hadoop-dependencies
druid.extensions.loadList=["mysql-metadata-storage","druid-kafka-indexing-service"]
druid.startup.logging.logProperties=true
druid.zk.service.host=master:2181,slave1:2181,slave2:2181
druid.zk.paths.base=/druid
druid.metadata.storage.type=mysql
druid.metadata.storage.connector.connectURI=jdbc:mysql://master:3306/druid
druid.metadata.storage.connector.user=hadoop
druid.metadata.storage.connector.password=123456
druid.storage.type=local
druid.storage.storageDirectory=var/druid/segments
druid.indexer.logs.type=file
druid.indexer.logs.directory=var/druid/indexing-logs
druid.selectors.indexing.serviceName=druid/overlord
druid.selectors.coordinator.serviceName=druid/coordinator
druid.monitoring.monitors=["org.apache.druid.java.util.metrics.JvmMonitor"]
druid.emitter=logging
druid.emitter.logging.logLevel=debug

broker 配置

druid.service=druid/broker

druid.host=slave2

druid.port=8082

HTTP server settings

druid.server.http.numThreads=60

HTTP client settings

druid.broker.http.numConnections=10

druid.broker.http.maxQueuedBytes=50000000

Processing threads and buffers

druid.processing.buffer.sizeBytes=536870912

druid.processing.numMergeBuffers=2

druid.processing.numThreads=1

druid.processing.tmpDir=var/druid/processing

Query cache disabled -- push down caching and merging instead

druid.broker.cache.useCache=false

druid.broker.cache.populateCache=false

SQL

druid.sql.enable=true

Coordinator 配置

druid.service=druid/coordinator

druid.host=master

druid.port=8081

druid.coordinator.startDelay=PT30S

druid.coordinator.period=PT30S

Historical 配置

druid.service=druid/historical

druid.host=slave1

druid.port=8083

HTTP server threads

druid.server.http.numThreads=40

druid.processing.buffer.sizeBytes=1048576

druid.processing.numMergeBuffers=2

druid.processing.numThreads=2

druid.processing.tmpDir=var/druid/processing

druid.segmentCache.locations=[{"path":"var/druid/segment-cache","maxSize"\:130000000000}]

druid.server.maxSize=130000000000

druid.historical.cache.useCache=true

druid.historical.cache.populateCache=true

druid.cache.type=caffeine

druid.cache.sizeInBytes=2000000000

Middlemanager 配置

```
druid.service=druid/middlemanager
druid.host=slave1
druid.port=8091


# Number of tasks per middleManager
druid.worker.capacity=3


# Task launch parameters
druid.indexer.runner.javaOpts=-server -Xmx2g -Duser.timezone=UTC -Dfile.encoding=UTF-8 -XX:+ExitOnOutOfMemoryError -Djava.util.logging.manager=org.apache.logging.log4j.jul.LogManager
    druid.indexer.task.baseTaskDir=var/druid/task
    druid.indexer.task.restoreTasksOnRestart=true


# HTTP server threads
druid.server.http.numThreads=40


# Processing threads and buffers
druid.processing.buffer.sizeBytes=100000000
druid.processing.numMergeBuffers=2
druid.processing.numThreads=2
druid.processing.tmpDir=var/druid/processing


# Hadoop indexing
druid.indexer.task.hadoopWorkingPath=var/druid/hadoop-tmp
druid.indexer.task.defaultHadoopCoordinates=["org.apache.hadoop:hadoop-client:2.8.3","org.apache.hadoop:hadoop-aws:2.8.3"]
```

Overlord 配置	
druid.service=druid/overlord	
druid.host=master	
druid.port=8090	
druid.indexer.queue.startDelay=PT30S	
druid.indexer.runner.type=remote	
druid.indexer.storage.type=metadata	
Router 配置	
druid.service=druid/router	
druid.host=slave2	
druid.port=8888	
druid.processing.numThreads=1	
druid.processing.buffer.sizeBytes=1000000	
druid.router.defaultBrokerServiceName=druid/broker	
druid.router.coordinatorServiceName=druid/coordinator	
druid.router.http.numConnections=50	
druid.router.http.readTimeout=PT5M	
druid.router.http.numMaxThreads=100	
druid.server.http.numThreads=100	
druid.router.managementProxy.enabled=true	
Pivot 配置	
# The port on which the Pivot server will listen on.	
port: 9095	

```
# runtime directory
varDir: var/pivot

servingMode: clustered

initialSettings:
  connections:
    - name: druid
      type: druid
      title: My Druid
      host: slave2:8888
      coordinatorHosts: ["master:8081"]
      overlordHosts: ["master:8090"]

stateStore:
  location: mysql
  type: mysql
  connection: 'mysql://hadoop:newland@master:3306/pivot'
```

（四）配置与 Hadoop 数据系统的对接

_commons 配置
druid.extensions.loadList=["mysql-metadata-storage","druid-hdfs-storage"]
ruid.startup.logging.logProperties=true
druid.zk.service.host=master:2181,slave1:2181,slave2:2181

```
druid.zk.paths.base=/druid
druid.metadata.storage.type=mysql
druid.metadata.storage.connector.connectURI=jdbc:mysql://master:3306/druid
druid.metadata.storage.connector.user=fool
druid.metadata.storage.connector.password=fool
druid.storage.type=hdfs
druid.storage.storageDirectory=hdfs://master:9000/data/druid/segments
druid.indexer.logs.type=hdfs
druid.indexer.logs.directory=/data/druid/indexing-logs
druid.monitoring.monitors=["io.druid.java.util.metrics.JvmMonitor"]
druid.emitter=logging
druid.emitter.logging.logLevel=info
druid.indexing.doubleStorage=double
```

配置完成后启动 Druid，结果如图 6-26 所示。

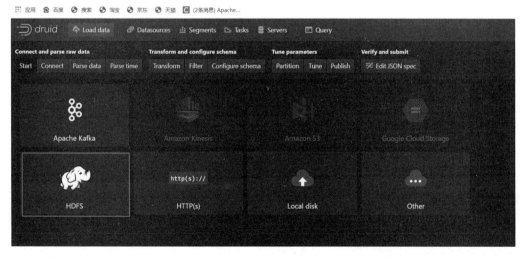

图 6-26　Druid 配置与 HDFS 对接

(五)配置与 Kafka 等数据系统的对接

Druid 配置与 kafka 对接,配置界面选择如图 6-27 所示。

图 6-27　Druid 配置与 Kafka 对接

根据提示输入 Kafka 信息:

- Bootstrap servers:master:9092,slave1:9092,slave2:9092.
- Topic:metrics.
- Preview:预览一下数据。
- Next:Parse data:下一步。

启动 Kafka 进行测试。

```
# 查看 kafka 主题列表
kafka-topics.sh --list --zookeeper master:2181,slave1:2181,slave2:2181
# 创建 topic
kafka-topics.sh --create --zookeeper master:2181,slave1:2181,slave2:2181 --replication-factor 3 --partitions 2 --topic metrics
# 查看 topic
kafka-topics.sh --zookeeper master:2181,slave1:2181,slave2:2181 --topic metrics --describe
# 创建生产者
```

kafka-console-producer.sh --broker-list master:9092,slave1:9092,slave2:9092 --topic metrics

创建消费者

kafka-console-consumer.sh --bootstrap-server master:9092,slave1:9092,slave2:9092 --topic metrics --group topic_test1_g1 --from-beginning

删除 topic

kafka-topics.sh --delete --zookeeper master:2181,slave1:2181,slave2:2181 --topic metrics

二、Druid 操作方法

使用 Druid 平台进行数据查询与分析。

导入并查询数据，如图 6-28 所示。

图 6-28　导入并查询数据

查询分析，查看源数据，如图 6-29 所示。

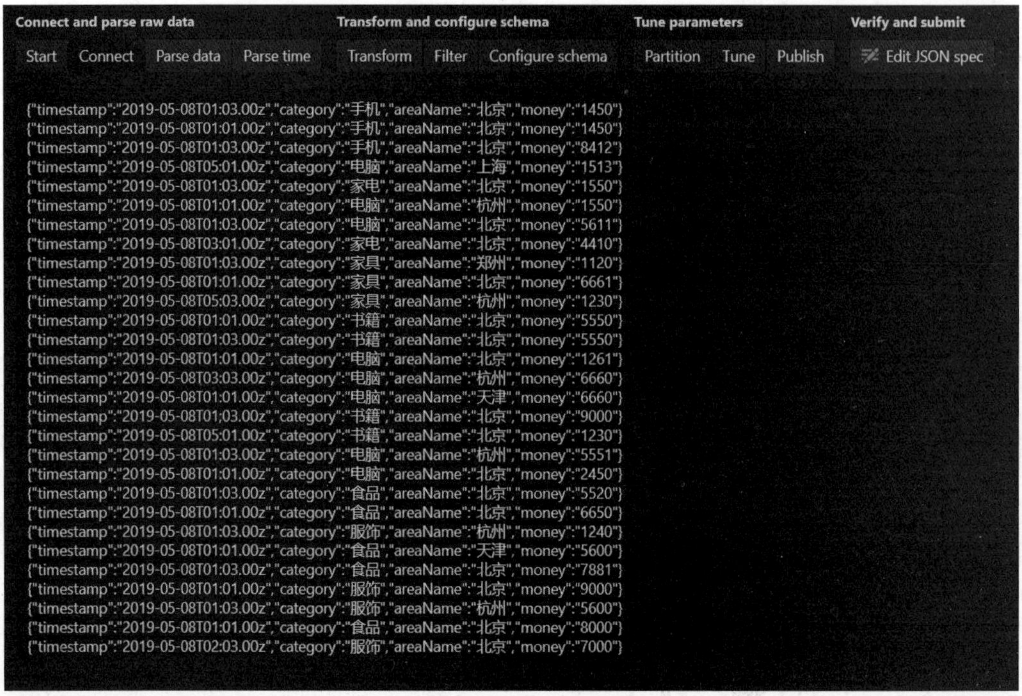

图 6-29 查看源数据

SQL 查询结果如图 6-30 所示。

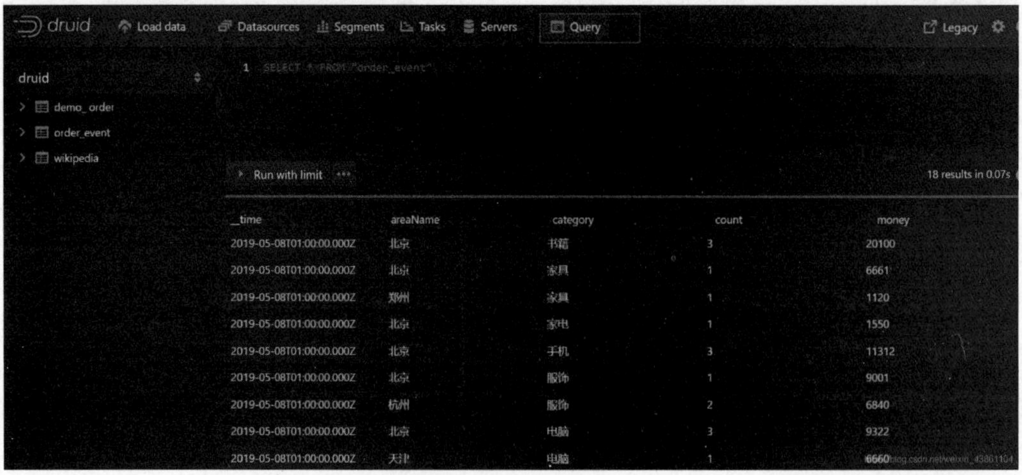

图 6-30 SQL 查询结果

第四节　数据检索系统搭建与应用

ELK 是三个工具的集合，ElasticSearch + Logstash + Kibana。这三个工具组合来搭建可视化的实时海量日志分析平台，其架构如图 6-31 所示。

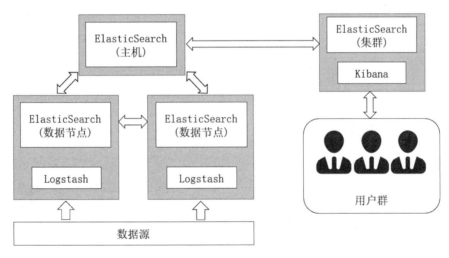

图 6-31　ELK 架构图

官方网站为 https://www.elastic.co/products。

ElasticSearch 是开源分布式搜索引擎，它的特点主要有：分布式、零配置、自动发现、索引自动分片、索引副本机制、RESTful 风格接口、多数据源、自动搜索负载等。

Logstash 是一个完全开源的工具，对日志进行收集、分析，并将其存储在 ElasticSearch 中，用以查询和分析。

Kibana 也是一个开源和免费的工具，Kibana 可以和 ElasticSearch 相互结合，通过可视化界面汇总、分析和搜索，可视化展示数据信息。

一、数据检索原理

如图 6-32 所示，数据检索实现主要分为两步：建立索引和通过索引查询。索引是全文检索的核心。那么，就有以下三个核心问题。

- 索引中存什么？
- 索引如何建立？
- 如何搜索索引？

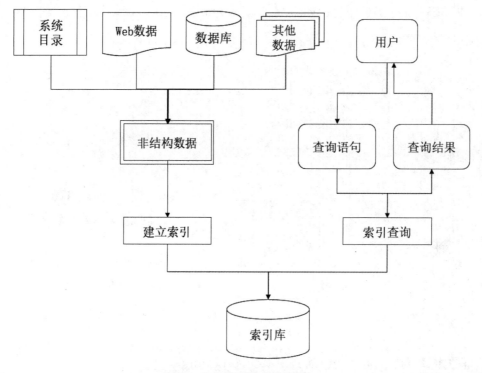

图 6-32　数据检索流程图

对于非结构化数据来说，尤其是各种文档数据，一个文档可以包含很多章节和内容。想要通过部分关键词或一部分内容来获取某些内容出现在文档中的位置是一件不容易的事情，因为文档关联了内容，而内容无法关联文档。就如书本的目录中每一个章节对应了一个页码，通过页码快速找到章节内容，但不太容易根据书中的某个词或某一句话知道它都在哪些章节出现过。所以，数据检索的思想就是要建立内容片段，例如词或短语到文档的映射。如图 6-33 中的案例倒排索引图所示，根据图书内容查找相关文档。

图 6-33　倒排索引图

处理文档得到映射关系的过程包括分词、单词处理等步骤。得到单词到文档的映射之后，查询就非常简单了。

通过处理文档得到的映射关系可以称之为索引，而因为与正常的索引方向相反，索引也被称之为倒排索引，例如：在比赛中根据古诗中的某些关键词说出古诗名及作者。

二、ELK 安装配置

（一）ElasticSearch 安装

1. 安装配置 JDK

ElasticSearch（以下简称"ES"）的安装搭建要求 Java 环境，需要 JRE1.8 版本以上，所以先从 Java 官网下载 JRE 的 rpm 包。官网地址为 http://www.oracle.com/technetwork/java/javase/downloads/jre8-downloads-2133155.html。

2. 下载并解压 ELK 三个软件

下载并解压 ELK 三个软件，结果如图 6-34 所示。

```
[newland@master soft]$ ls
azkaban  flume  hadoop-2.7.2  hive  idea-IU-193.7288.26  imply
jdk1.8.0_144  kafka  mysql  scala  spark  sqoop  zookeeper-3.4.10
elasticsearch-7.6.0 kibana-7.6.0-linux-x86_64 logstash-7.6.0
[newland@master soft]$
```

图 6-34　解压 ELK 三个软件结果

3. 配置 ElasticSearch

创建 es 用户并授权（默认 ES 6.X 是不允许 root 用户运行的，否则 ES 运行的时候会报错，所以我们需要创建新的用户）

[root@master soft]# groupadd es

[root@master soft]# useradd es -g es

[root@master soft]# passwd es

更改用户 es 的密码，hadoop

新的密码:

重新输入新的 密码:

passwd: 所有的身份验证令牌已经成功更新

修改用户权限

[root@master soft]# chown -R es:es elasticsearch-7.6.0

可以验证一下服务是否正常

[es@master elasticsearch-7.6.0]$ cd bin

[es@master bin]$ ls

[es@master bin]$ cd ..

[es@master elasticsearch-7.6.0]$ bin/elasticsearch

服务检查如图 6-35 所示。

```
[2021-03-26T21:48:41,126][INFO ][o.e.h.n.Netty4HttpServerTransport] [node-1] publish_address {192.168.234.240:9200}, bound_addresses {[::]:9200}
[2021-03-26T21:48:41,127][INFO ][o.e.n.Node               ] [node-1] started
[2021-03-26T21:48:41,656][INFO ][o.e.g.GatewayService     ] [node-1] recovered [5] indices into cluster_state
[2021-03-26T21:48:43,944][INFO ][o.e.c.r.a.AllocationService] [node-1] Cluster health status changed from [RED] to [YELLOW] (reason: [shards started [[accesslog][0], [accesslog][4]] ...]).
```

图 6-35　服务检查

```
[root@master ~]# curl -i "http://master:9200"
HTTP/1.1 200 OK
content-type: application/json:charset=UTF-8
content-length: 435

{
  "name" : "node-1",
  "cluster_name" : "my-application",
  "cluster_uuid" : "ol7rhVQaQC6NQBba5MBAdw",
  "version" : {
    "number" : "7.6.0",
    "build_hash" : "10b1edd",
    "build_date" : "2018-02-16T19:01:30.685723Z",
    "build_snapshot" : false,
    "lucene_version" : "7.2.1",
    "minimum_wire_compatibility_version" : "5.6.0",
    "minimum_index_compatibility_version" : "5.0.0"
  },
  "tagline" : "You Know,for Search"
}
```

（二）Logstash 安装

Logstash 是开源的服务器端数据处理管道，能够同时从多个来源采集数据、转换数据，然后将数据发送到用户指定的"存储库"中，如图 6-36、图 6-37 所示。

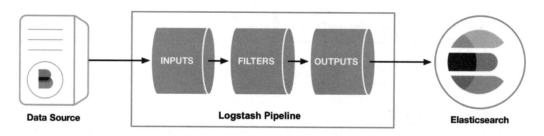

图 6-36　Logstash 数据管道

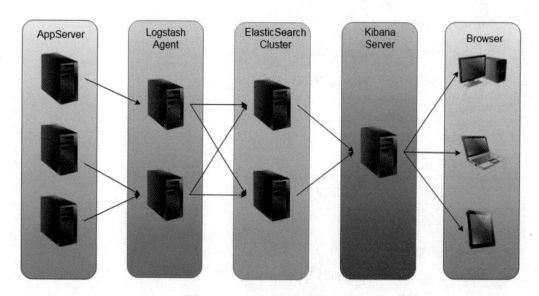

图 6-37　Logstash 工作流位置

安装 Logstash：

下载并解压 logstash
[root@master logstash-7.6.0]# ls
bin　　CONTRIBUTORS　Gemfile　　lib　　logs　　logstash-core　　　modules　nyc_collision_logstash.conf　vendor 　config　data　　　Gemfile.lock　LICENSE　logstash.conf　logstash-core-plugin-api　NOTICE.TXT　tools
[root@master logstash-7.6.0]# pwd
/home/newland/soft/logstash-7.6.0

启动测试：

[root@master bin]# sh logstash -e 'input { stdin{} } output{ stdout{}}'

启动测试结果如图 6-38 所示。

```
hello newland
Sending Logstash's logs to /home/softwares/logstash-6.2.2/logs which is now configured via log4j2.properties
[2021-03-26T23:36:50,894][INFO ][logstash.modules.scaffold] Initializing module {:module_name=>"fb_apache", :directory=>"/home/softwar
es/logstash-6.2.2/modules/fb_apache/configuration"}
[2021-03-26T23:36:50,996][INFO ][logstash.modules.scaffold] Initializing module {:module_name=>"netflow", :directory=>"/home/softwares
/logstash-6.2.2/modules/netflow/configuration"}
[2021-03-26T23:36:52,600][WARN ][logstash.config.source.multilocal] Ignoring the 'pipelines.yml' file because modules or command line
options are specified
[2021-03-26T23:36:54,423][INFO ][logstash.runner          ] Starting Logstash {"logstash.version"=>"6.2.2"}
[2021-03-26T23:36:55,551][INFO ][logstash.agent           ] Successfully started Logstash API endpoint {:port=>9600}
[2021-03-26T23:36:59,647][INFO ][logstash.pipeline        ] Starting pipeline {:pipeline_id=>"main", "pipeline.workers"=>1, "pipeline.
batch.size"=>125, "pipeline.batch.delay"=>50}
[2021-03-26T23:37:00,009][INFO ][logstash.pipeline        ] Pipeline started succesfully {:pipeline_id=>"main", :thread=>"#<Thread:0x3
a993036 run>"}
The stdin plugin is now waiting for input:
[2021-03-26T23:37:00,373][INFO ][logstash.agent           ] Pipelines running {:count=>1, :pipelines=>["main"]}
2021-03-27T06:37:00.325Z hadoop hello newland
```

图 6-38　启动测试

（三）Kibana 安装

下载并解压 kibana 到指定的 softwares 目录
[root@master kibana-7.6.0-linux-x86_64]# pwd
/home/newland/soft/kibana-7.6.0-linux-x86_64
配置 kibana：
[root@master kibana-7.6.0-linux-x86_64]# vim config/kibana.yml
server.port: 5601 server.name: "hadoop" elasticsearch.url: "http://master:9200" kibana.index: ".kibana"
启动 kibana
[root@master kibana-7.6.0-linux-x86_64]# ./bin/kibana
log　[06:51:51.542] [info][status][plugin:kibana@7.6.0] Status changed from uninitialized to green - Ready 　　log　[06:51:51.616] [info][status][plugin:elasticsearch@7.6.0] Status changed from uninitialized to yellow - Waiting for Elasticsearch

log   [06:51:52.072] [info][status][plugin:timelion@7.6.0] Status changed from uninitialized to green - Ready

log   [06:51:52.082] [info][status][plugin:console@7.6.0] Status changed from uninitialized to green - Ready

log   [06:51:52.093] [info][status][plugin:metrics@7.6.0] Status changed from uninitialized to green - Ready

log   [06:51:52.154] [info][listening] Server running at http://0.0.0.0:5601

log   [06:51:52.292] [info][status][plugin:elasticsearch@7.6.0] Status changed from yellow to green – Ready

（四）使用 Logstach 监控数据并写入到索引库中

#1. 创建文件格式配置文件

[root@master logstash-7.6.0]# vi logstash.conf

```
input { stdin{} }
filter {
 grok {
   match => { "message" => "%{COMBINEDAPACHELOG}"}
 }
 date {
   match => [ "timestamp" ,"dd/MMM/yyyy:HH:mm:ss Z"]
 }
}
output {
 elasticsearch {index=>"accesslog" }
 stdout {codec =>rubydebug}
}
```

2. 启动 elasticsearch 和 kibana

最后启动 logstash

[root@master logstash-7.6.0]# bin/logstash -f logstash.conf

[2021-03-27T00:15:41,800][INFO][logstash.pipeline   ] Pipeline started succesfully {:pipeline_id=>"main",:thread=>"#<Thread:0x475826e9 run>"}

The stdin plugin is now waiting for input:

[2021-03-27T00:15:42,293][INFO][logstash.agent   ] Pipelines running {:count=>1, :pipelines=>["main"]}

输入以下信息：

hello newland

{
　　"message" => "hello newland",
　"@version" => "1",
　"@timestamp" => "2021-03-27T03:31:30.308Z",
　　"host" => "master"
}

查看 kibana 信息获取日志数据，如图 6-39 所示。

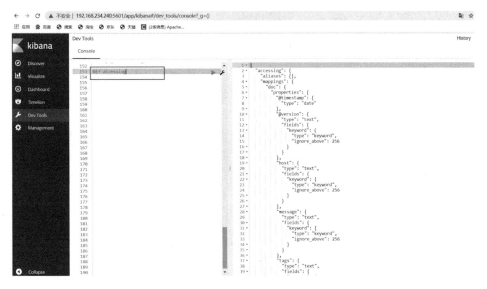

图 6-39　Kibana 查询日志

三、Kibana 数据可视化

（一）导入数据

把本地 nyc_collision_data.csv 文件导入到系统
[root@master elk]# pwd
/home/newland/data/elk
[root@master elk]# ls
nyc_collision_data.csv

（二）创建格式文件

```
[root@master logstash-7.6.0# vi nyc_collision_logstash.conf
input {
    stdin { }
    file {
            path => "/home/newland/data/elk/nyc_collision_data.csv"
            start_position => "beginning"
    }
}
…….（省略部分代码）
output {
 stdout {codec => rubydebug}
 #stdout { codec => dots }
 elasticsearch {
   index => "nyc_visionzero"
   }
 }
```

(三)在 Kibana 创建 index

```
PUT /nyc_visionzero
{
 "index_patterns":"nyc_visionzero",
 "settings":{
  "index.refresh_interval":"5s"
 },
 "mappings": {
  "doc": {
   "properties": {
    "location": {
     "type": "geo_point",
     "ignore_malformed": true
    },
    "@version": {
     "type": "keyword"
    },
    "borough": {
     "type": "keyword"
    },
    "zip_code": {
     "type": "keyword"
    },
    "unique_key": {
     "type": "keyword"
    },
    "cross_street_name": {
```

```
            "type": "keyword"
        },
        "off_street_name": {
            "type": "keyword"
        },
        "on_street_name": {
            "type": "keyword"
        },
        "contributing_factor_vehicle": {
            "type": "keyword"
        },
        "vehicle_type": {
            "type": "keyword"
        },
        "intersection": {
            "type": "keyword"
        },
        "hour_of_day": {
            "type": "integer",
            "ignore_malformed": true
        },
        "number_of_motorist_injured": {
            "type": "integer",
            "ignore_malformed": true
        },
        "number_of_cyclist_killed": {
```

```
    "type": "integer",
    "ignore_malformed": true
},
"number_of_persons_killed": {
    "type": "integer",
    "ignore_malformed": true
},
"number_persons_impacted": {
    "type": "integer",
    "ignore_malformed": true
},
"number_of_pedestrians_killed": {
    "type": "integer",
    "ignore_malformed": true
},
"number_of_motorist_killed": {
    "type": "integer",
    "ignore_malformed": true
},
"number_of_cyclist_injured": {
    "type": "integer",
    "ignore_malformed": true
},
"number_of_pedestrians_injured": {
    "type": "integer",
    "ignore_malformed": true
```

```
        },
        "number_of_persons_injured": {
          "type": "integer",
          "ignore_malformed": true
        },
        "latitude": {
          "type": "float",
          "ignore_malformed": true
        },
        "longitude": {
          "type": "float",
          "ignore_malformed": true
        }
      }
    }
  },
  "aliases": {}
}
```

（四）导入数据文件（启动 Logstash 指定配置文件）

```
[root@master logstash-7.6.0]# bin/logstash -f nyc_collision_logstash.conf
```

（五）Kibana 多种效果显示

Kibana 可以多种效果显示，可视化图表效果如图 6-40 所示。

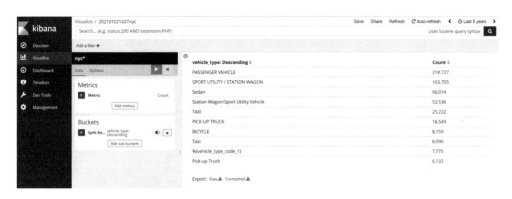

图 6-40　Kibana 可视化图表效果

Kibana 可视化白板效果如图 6-41 所示。

图 6-41　Kibana 可视化白板效果

Kibana 可视化环形图效果如图 6-42 所示。

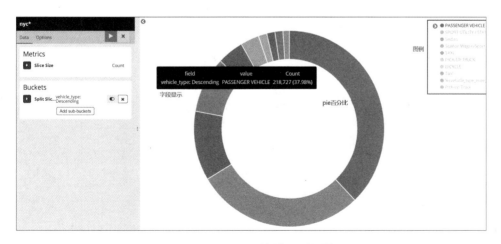

图 6-42　Kibana 可视化环形图效果

思考题

1. 简述 OLTP 的概念及特征。

2. 简述 ROLAP 的概念。

3. 简述 OLTP 与 OLAP 的区别。

4. 简述 Kylin 的工作原理。

5. 简述时序型数据库的原理。

6. 简述数据检索的原理。

7. 什么是倒排索引?

第七章
大数据安全系统搭建与应用

海量数据经过大数据技术处理之后得以集中和应用，使用者面临的问题是如何保障大数据的完整性、可靠性和保密性不受到信息泄漏和非法篡改的安全威胁。本章以真实工作中构建大数据所需的集群安全系统作为主要内容，针对用户权限、数据权限以及平台安全风险等不同级别的安全需求，阐述如何构建完整的大数据安全系统。

- ●**职业功能：**常规大数据安全系统构建。
- ●**工作内容：**用户验证系统配置与应用；数据访问权限管理；大数据平台安全与风险管控。
- ●**专业能力要求：**能部署KDC集群配置，能使用Kerberos配置Hadoop用户认证，能创建认证规则；能安装并配置Sentry作为数据权限管理工具，能使用Hue管理Sentry权限；能使用测试工具进行系统漏洞测试。
- ●**相关知识要求：**用户验证的原理、Kerberos的认证流程；数据权限管理规范、管理用户访问数据的方法；常见大数据平台风险问题处理方法、漏洞扫描和渗透测试方法。

第一节 用户验证系统配置与应用

一、用户验证系统

（一）用户验证机制介绍

Linux 操作系统以其高效性、灵活性以及开放性得到了蓬勃发展，不仅被广泛应用于 PC、服务器，还广泛应用于手机、PDA 等高端嵌入设备。但是，目前 Linux 版本在安全方面还存在着许多不足，其安全级别低于 C2 级（可信计算机系统安全评价准则"TCSEC"）。随着新功能的不断加入及安全机制的错误配置或错误使用，会带来很多问题。出于系统安全考虑，Linux 提供的安全机制主要有：身份标识与鉴别、文件访问控制、特权管理、安全审计、IPC 资源的访问控制。SUN 公司研发了可插入身份认证模块，即 PAM（pluggable authentication modules，可插入验证模块）。当用户登录 Linux 时，首先要通过系统的 PAM 验证。PAM 机制可以用来动态改变身份验证的方法和要求，允许身份认证模块按需要被加载到内核中，模块在加入后即可用于对用户进行身份认证，而不需要重新编译其他公用程序。PAM 体系结构的模块化设计及其定义的良好接口，可以无须改变或者干扰任何现有的登录服务就能集成范围广泛的认证和授权。因此，近年来，对 PAM 的底层鉴别模块的扩展广泛应用于增强 Linux 操作系统的安全性。

对于 Hadoop 集群来说，存在这样的安全隐患：可以在集群中人为添加一个客户端节点，并以此假冒的客户端来获取集群数据。对于一个假冒的客户端节点，成功加入集群就能够伪装 Datanode 得到 Namenode 指派的任务和数据。创建一个 HDFS 账户，就可以得到 Hadoop 文件系统的高权限。

（二）用户验证系统 Kerberos

在大数据系统中，常使用 Kerberos 作为用户验证的工具。Kerberos 主要用来进行网络通信中的身份认证，帮助我们高效、安全地识别访问者。那么 Kerberos 是如何进行身份认证的呢？例如，张三要去三亚度假，那么对于这样一个流程来说就有：

·事前准备，张三决定去三亚海边度假，坐飞机去（或者高铁），使用 APP 在网上订购机票（或高铁票），输入个人账户密码登录票务中心。

·购票机制，通过网上付费（发送请求）成为某航班（或列车）的授信用户。

·验票机制，验证票据持有者的身份，与票务中心核对验证票据的合法性、时间以及站点等。

·旅游出行，一切验证通过后到候机室（或候车室），等待再次验证并登机（或列车）。

·再次乘坐，需要重新购票。

我们很容易理解现实中的这个流程，而 Kerberos 的认证流程与上述的情形差不多，可以将生活案例转化对应到 Kerberos 的认证流程：

·发送请求，表明要访问什么服务，使用自己的密码来对请求进行加密。

·验证身份后，得到一个 ticket（票据）。

·服务提供者与 Kerberos 进行通信，验证 ticket 的合法性、有效期。

·验证通过后提供服务。

·超出 ticket 的有效期后再次访问需要重新申请。

通过上述转换，我们可以得到一个关键信息：Kerberos 的身份认证其实是基于 ticket 来完成的，就像出行是基于机票（或火车票）来进行验证的一样。集群客户端想要访问某些服务，就需要得到一张 ticket。

（三）Kerberos 的认证流程

Kerberos 的认证流程如图 7-1 所示。

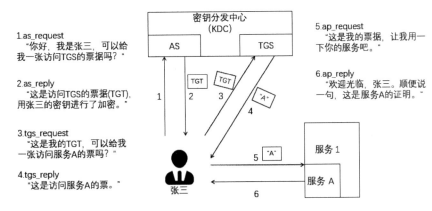

图 7-1　Kerberos 工作流程

在这样一个流程中有 KDC 和用户两个关键词。

·KDC（key distribution center，密钥分发中心）。

KDC 提供 AS 和 TGS 两个服务。AS（authorization server，授权服务）对于流程 1，提供初始授权认证，用户表明需求并使用密码对请求进行加密。AS 用提供的密码对请求进行解密后得到请求内容，返回给用户一个 TGT（ticket granting tickets）（用一个密钥加密）；用户得到 TGT 后使用 TGT 去访问 TGS（ticket granting server），TGS 验证 TGT 后（使用密钥解密）返回一个 Ticket 给用户。

·用户。

以图 7-1 中的张三为例，他得到 ticket 后再访问服务器，服务器收到 ticket 和 KDC 进行验证，通过后即提供服务。

以上是一个典型的 Kerberos 运行流程，对于 Hadoop 的授权认证来说，就是把 Server 换为具体的服务，如 Namenodet 和 Resourcemanager。想要访问 Namenode（也就是 HDFS）需要拿到对应 HDFS 的 ticket 才可以访问。

（四）Kerberos 中的名词含义

1. principal

认证的主体，简单来说就是"用户名"。

2. realm

realm 有点像编程语言中的 namespace（命名空间）。在编程语言中，变量名只有在某个"namespace"里才有意义。同样的，一个 principal 只有在某个 realm 下才有意义。所以 realm 可以看成是 principal 的一个"容器"或者"空间"。相对应的，principal 的命名规则是"Any_name_you_like@realm"。在 Kerberos，大家都约定成俗用大写来命名 realm，比如"EXAMPLE.COM"。

3. password

某个用户的密码，对应于 Kerberos 中的密钥。password 可以存在一个 keytab 文件中。所以 Kerberos 中需要使用密码的场景都可以用一个 keytab 作为输入。

4. credential

credential 是"证明某个人确定是他自己 / 某一种行为的确可以发生"的凭据。在不同的使用场景下，credential 的具体含义也略有不同：

- 对于某个 principal 个体而言，它的 credential 就是它的 password。
- 在 Kerberos 认证的环节中，credential 就意味着各种各样的 ticket。

二、CDH 集群搭建

（一）安装 CDH

CDH 是 Cloudera 推出的商用版的大数据平台软件，包括了以 Apache Hadoop 为核心的一系列组件。CDH 中提供了对不同组件开箱即用的安装方法，通过将 Hadoop 与十多个其他关键开源项目集成，并以 Web 界面进行统一的管理操作，可以帮助企业方便地构建和拓展集群。

在搭建集群前，请先确保集群中的各个节点时间同步。在 master 节点中的 pkg 路径下，解压 CDH 的安装包到 soft 目录下。

```
[root@newland pkg]# tar -zxf cloudera-repos.tar.gz -C ../soft
```

将每个节点的 pkg 目录下的 local_policy.jar 和 US_export_policy.jar 拷贝到 $JAVA_HOME/jre/lib/security 目录下面。

```
[root@master pkg]# cp local_policy.jar $JAVA_HOME/jre/lib/security
[root@master pkg]# cp US_export_policy.jar $JAVA_HOME/jre/lib/security
```

进入到 soft 路径下，开启 http 服务。

```
[root@newland pkg]# cd ../soft/
[root@newland soft]# python -m SimpleHTTPServer 8900
[1] 20087
Serving HTTP on 0.0.0.0 port 8900 ...
```

使用浏览器访问 master 节点的 8900 端口，查看 http 服务是否正常开启，如图 7-2 所示。

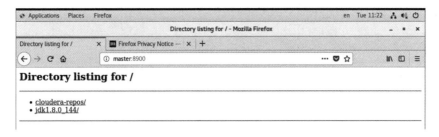

图 7-2 http 服务正常开启

编辑本地 Yum 源配置文件。

```
[root@newland soft]# vim /etc/yum.repos.d/cloudera-manager.repo
[cloudera-manager]
name=cloudera-manager
baseurl=http://master:8900/cloudera-repos/cm6/6.2.1/redhat7/yum/
enabled=1
gpgcheck=0
```

将该镜像源发送到各个节点。

```
[root@newland soft]# scp -r /etc/yum.repos.d/cloudera-manager.repo root@slave1:/etc/yum.repos.d/
[root@newland soft]# scp -r /etc/yum.repos.d/cloudera-manager.repo root@slave2:/etc/yum.repos.d/
```

在 master 节点安装 cloudera-manager-server。

```
[root@master soft]# yum -y install cloudera-manager-server
```

每一个节点上安装 cloudera-manager-agent 和 cloudera-manager-daemons。

```
[root@master soft]# yum -y install cloudera-manager-daemons cloudera-manager-agent
[root@slave1 soft]# yum -y install cloudera-manager-daemons cloudera-manager-agent
[root@slave2 soft]# yum -y install cloudera-manager-daemons cloudera-manager-agent
```

修改 Cloudera Manager 配置，在每个节点下的 /etc/cloudera-scm-agent/config.ini 中修改 server_host 为 master。

```
[root@master soft]# vim /etc/cloudera-scm-agent/config.ini
[General]
# Hostname of the CM server.
server_host=master
```

在 master 节点中，启动 MySQL 并创建各组件需要的数据库，分别为 SCM、AMON、Hue、Hive、Sentry、Oozie。

```
mysql> CREATE DATABASE scm DEFAULT CHARACTER SET utf8 DEFAULT COLLATE utf8_general_ci;
mysql> CREATE DATABASE amon DEFAULT CHARACTER SET utf8 DEFAULT COLLATE utf8_general_ci;
mysql> CREATE DATABASE hue DEFAULT CHARACTER SET utf8 DEFAULT COLLATE utf8_general_ci;
```

第七章 大数据安全系统搭建与应用

```
mysql> CREATE DATABASE hive DEFAULT CHARACTER SET utf8 DEFAULT COLLATE utf8_general_ci;
mysql> CREATE DATABASE sentry DEFAULT CHARACTER SET utf8 DEFAULT COLLATE utf8_general_ci;
mysql> CREATE DATABASE oozie DEFAULT CHARACTER SET utf8 DEFAULT COLLATE utf8_general_ci;
```

使用自带的 SQL 脚本进行数据库初始化。

```
[root@master soft]# /opt/cloudera/cm/schema/scm_prepare_database.sh mysql scm root 123456
JAVA_HOME=/home/newland/soft/jdk1.8.0_144
Verifying that we can write to /etc/cloudera-scm-server
Creating SCM configuration file in /etc/cloudera-scm-server
Executing: /home/newland/soft/jdk1.8.0_144/bin/java -cp /usr/share/java/mysql-connector-java.jar:/usr/share/java/oracle-connector-java.jar:/usr/share/java/postgresql-connector-java.jar:/opt/cloudera/cm/schema/../lib/* com.cloudera.enterprise.dbutil.DbCommandExecutor /etc/cloudera-scm-server/db.properties com.cloudera.cmf.db.
[       main] DbCommandExecutor         INFO  Successfully connected to database.
All done, your SCM database is configured correctly!
```

启动 Cloudera Manager 服务，在 master 启动服务节点，以及在各个节点上启动工作节点。

```
[root@master soft]# systemctl start cloudera-scm-server
[root@master soft]# systemctl start cloudera-scm-agent
[root@slave1 ~]# systemctl start cloudera-scm-agent
[root@slave2 ~]# systemctl start cloudera-scm-agent
```

查看服务启动日志，若出现"Started Jetty server"字样表明启动成功。

```
[root@master soft]# tail -f /var/log/cloudera-scm-server/cloudera-scm-server.log
2021-06-29 13:38:00,785 INFO WebServerImpl:com.cloudera.server.cmf.
WebServerImpl: Started Jetty server.
```

打开服务器，访问 http://master:7180，登录 Cloudera Manager 的网页端，初始用户名和密码均为 admin，如图 7-3 所示。

图 7-3　Cloudera Manager 登录页面

在进入后的欢迎界面，选择右下角的 Continue 继续，如图 7-4 所示。

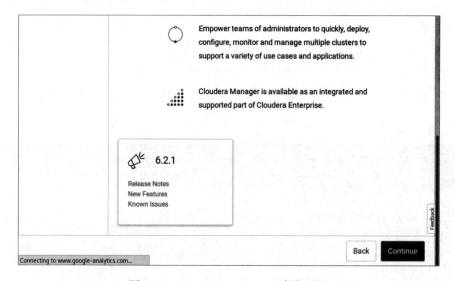

图 7-4　Cloudera Manager 欢迎页面

同意用户协议后，在版本选择界面，选择第一个免费版的 Cloudera，如图 7-5 所示。读者可以根据个人需求选择相应版本，下拉到页面最下方选择 Continue。

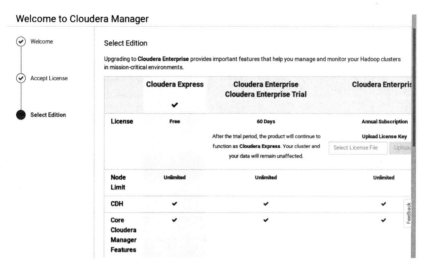

图 7-5　选择 Cloudera Manager 版本

稍等片刻后，跳转到集群部署的欢迎页面。继续点击 Continue，跳转到设置集群名称界面，这里可以使用默认集群名 Cluster 1。配置完集群名后选择集群节点，在 Currently Managed Hosts 页面，勾选 master，slave1 和 slave2，并点击 Continue，选择集群当前的管理主机如图 7-6 所示。若该页面中集群节点显示不全，则需要检查节点之间的主机名及 IP 配置，调整后再重启 cloudera-scm-server。

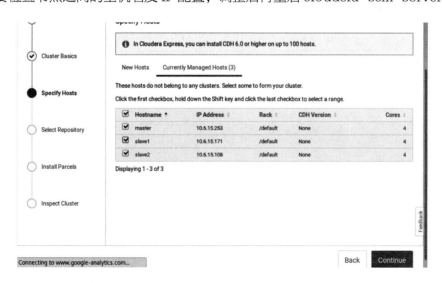

图 7-6　选择集群当前管理主机

添加本地 parcel 库，选择点击 Install Method 的 More Options 按钮。在 Remote Parcel Repository URLs 中，点击加号并输入 http://master:8900/cloudera-repos/cdh6/6.2.1/parcels/，选择本地库。点击 Save Changes 并等待片刻后，会出现 CDH Version 的新选项，便可继续点击 Continue，如图 7-7、图 7-8 所示。

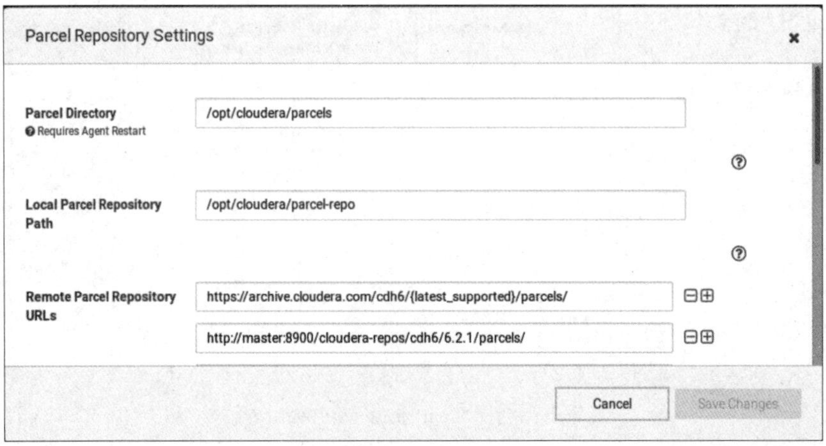

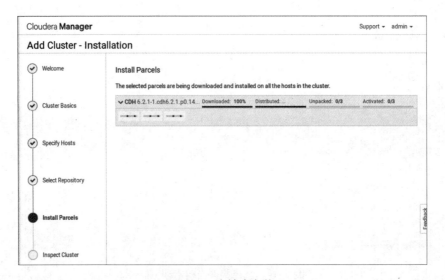

图 7-7　选择本地库地址

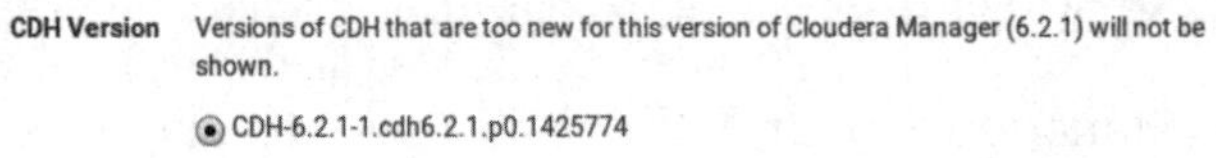

图 7-8　本地库配置成功

等待 parcels 下载、分配、解压和激活，如图 7-9 所示。

图 7-9　本地库安装

第七章 大数据安全系统搭建与应用

然后检查集群网络环境，并勾选最下方选项，如图 7-10 所示。

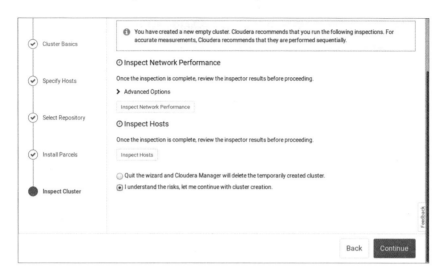

图 7-10　集群网络环境检查

（二）基于 CDH 安装大数据组件

在界面中，选择自定义安装组件，如图 7-11 所示。

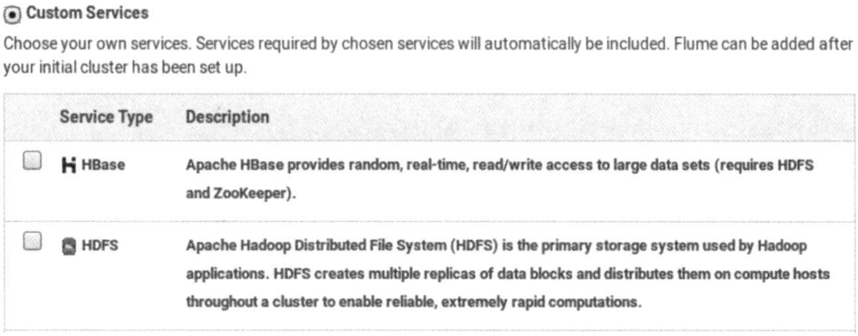

图 7-11　自定义安装组件

选择需要安装的组件，首先选择 HDFS。接着配置各组件的安装节点，参考配置如图 7-12 所示。

配置数据库的验证信息，配置管理端的数据库连接信息，可以点击 Test Connection 按钮测试连接，连接成功如图 7-13 所示。

可以用默认配置选项完成各组件的基本配置，如图 7-14 所示。

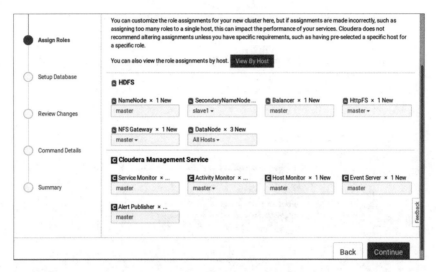

图 7-12　节点功能分配

图 7-13　配置数据库连接

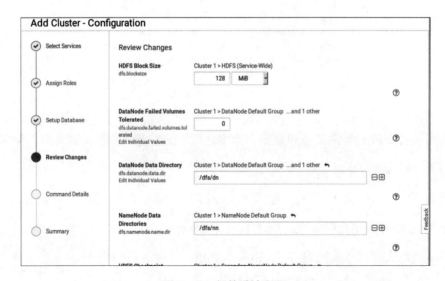

图 7-14　组件默认配置

等待安装部署，安装部署的过程会在三个不同节点上安装，并自动配置。安装完成后如图 7-15 所示。

图 7-15　组件自动部署

最后，完成安装后效果如图 7-16 所示，点击 Finish 进入管理端主页。

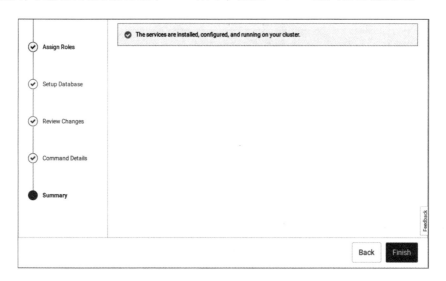

图 7-16　完成部署

在终端中测试 HDFS 命令。

[root@master ~]# hadoop fs -ls /
Found 1 items
drwxrwxrwt   - hdfs supergroup   0 2021-06-29 16:15 /tmp

安装成功。

三、KDC 集群配置

（一）Kerberos 安装

在 master 节点中，使用 Yum 安装 KDC server（密钥分发中心服务）。

```
[root@master ~]# yum install -y krb5-libs krb5-server krb5-workstation
```

在 slave1 和 slave2 节点均执行以下操作。

```
[root@slave1 ~]# yum install -y krb5-libs krb5-workstation
```

```
[root@slave2 ~]# yum install -y krb5-libs krb5-workstation
```

修改 /etc/krb5.conf 配置文件，添加内容。

```
[root@master ~]# vim /etc/krb5.conf
[libdefaults]
default_realm = NEWLAND.COM
#default_ccache_name = KEYRING:persistent:%{uid}
udp_preference_limit = 1
[realms]
 NEWLAND.COM = {
  kdc = master
  admin_server = master
 }
```

配置 /var/kerberos/krb5kdc/kdc.conf，修改 realm。注意，需要将 aes256-cts 去掉，因为 JAVA 需要安装额外的 jar 包才能使用 aes256-cts 验证方式。

```
[root@master ~]# vim /var/kerberos/krb5kdc/kdc.conf
[realms]
 NEWLAND.COM = {
  #master_key_type = aes256-cts
```

```
    acl_file = /var/kerberos/krb5kdc/kadm5.acl
    dict_file = /usr/share/dict/words
    admin_keytab = /var/kerberos/krb5kdc/kadm5.keytab
    max_life = 1d
    max_renewable_life = 7d
    supported_enctypes = aes128-cts:normal des3-hmac-sha1:normal arcfour-hmac:normal camellia256-cts:normal camellia128-cts:normal des-hmac-sha1:normal des-cbc-md5:normal des-cbc-crc:normal
    }
```

将服务端中的 krb5.conf 文件拷贝到所有的客户端。

```
[root@master ~]# scp -r /etc/krb5.conf root@slave1:/etc/
```
```
[root@master ~]# scp -r /etc/krb5.conf root@slave2:/etc/
```

初始化 Kerberos 的数据库，在 KDC 目录输入两次密码，默认密码为 123456。

```
[root@master ~]# kdb5_util create -s
Initializing database '/var/kerberos/krb5kdc/principal' for realm 'NEWLAND.COM',
master key name 'K/M@NEWLAND.COM'
You will be prompted for the database Master Password.
It is important that you NOT FORGET this password.
Enter KDC database master key: 123456
Re-enter KDC database master key to verify:123456
```

创建完成后，/var/kerberos/krb5kdc 目录下会生成对应的文件。

```
[root@master ~]# ls /var/kerberos/krb5kdc/
kadm5.acl  kdc.conf  principal  principal.kadm5  principal.kadm5.lock  principal.ok
```

配置 /var/kerberos/krb5kdc/kadm5.acl，配置管理员权限用户。

```
[root@master ~]# vim /var/kerberos/krb5kdc/kadm5.acl
*/admin@NEWLAND.COM*
```

完成设置后，将 Kerberos 服务添加到自启动服务，并启动 krb5kdc 和 kadmin 服务。

```
[root@master ~]# systemctl enable krb5kdc.service
Created symlink from /etc/systemd/system/multi-user.target.wants/krb5kdc.service to /usr/lib/systemd/system/krb5kdc.service.
[root@master ~]# systemctl enable kadmin.service
Created symlink from /etc/systemd/system/multi-user.target.wants/kadmin.service to /usr/lib/systemd/system/kadmin.service.
[root@master ~]# systemctl start krb5kdc.service
[root@master ~]# systemctl start kadmin.service
```

创建 NEWLAND.COM 域内的管理员，执行 kadmin.local 进入到 Kerberos 的命令行界面。

```
[root@master ~]# kadmin.local
Authenticating as principal newland/admin@NEWLAND.COM with password.
kadmin.local:
```

创建一个管理员 newland/admin@NEWLAND.COM，并将其密码设置为 123456。

```
kadmin.local: addprinc newland/admin@NEWLAND.COM
WARNING: no policy specified for newland/admin@NEWLAND.COM; defaulting to no policy
Enter password for principal "newland/admin@NEWLAND.COM ": 123456
Re-enter password for principal "newland/admin@NEWLAND.COM ": 123456
Principal "newland/admin@NEWLAND.COM" created.
```

提示 created 后，输入 exit 退出命令行终端。

测试 newland 管理员账号，如果 klist 命令能够正确显示，说明配置正确。

[root@master ~]# kinit newland/admin

Password for newland/admin@NEWLAND.COM:

[root@master ~]# klist

Ticket cache: KEYRING:persistent:0:0

Default principal: newland/admin@NEWLAND.COM

Valid starting　　　Expires　　　　　Service principal
06/29/2021 09:57:24 06/30/2021 09:57:24 krbtgt/NEWLAND.COM@NEWLAND.COM

在客户端中测试 newland 管理员账号，如服务端中的操作，若显示无误则表示集群搭建成功。此时，客户端配置完成，使用 kinit 即可得到对应账户的 ticket。

（二）Kerberos 常用命令

在 Kerberos 中，提供了两种认证方式，一种是通过输入密码认证，如前面一样；另一种是通过 keytab 密钥文件认证。但这两种方式不可同时使用。使用密钥文件认证的方法，可以通过如下命令生成密钥文件到指定目录下。

[root@master ~]# kadmin.local -q "xst -k /root/newland.keytab newland/admin@NEWLAND.COM"

在切换凭证前，先销毁凭证。

[root@master ~]# kdestroy

再使用 keytab 进行认证。

[root@master ~]# kinit -kt /root/newland.keytab newland/admin

修改密码的命令为 cpw。

[root@master ~]# kadmin.local -q "cpw newland/admin"

删除主体的命令为 delprinc。

[root@master ~]# kadmin.local -q "delprinc newland/admin"

查看所有主体的命令为 list_principals。

[root@master ~]# kadmin.local -q "list_principals"

(三) CDH 启用 Kerberos

在 master 节点上安装 openldap-clients。

[root@master ~]# yum install -y openldap-clients

在 KDC 中添加 Cloudera Manager 的管理员账号。

[root@master ~]# kadmin.local

kadmin.local: addprinc cloudera-scm/admin@NEWLAND.COM

WARNING: no policy specified for cloudera-scm/admin@NEWLAND.COM; defaulting to no policy

Enter password for principal "cloudera-scm/admin@NEWLAND.COM": 123456

Re-enter password for principal "cloudera-scm/admin@NEWLAND.COM": 123456

Principal "cloudera-scm/admin@NEWLAND.COM" created.

进入到 Cloudera Manager 的管理页面，Cluster 1 右侧按钮中的 Enable Kerberos 选项，如图 7-17 所示。

图 7-17　启用 Kerberos

第七章 大数据安全系统搭建与应用

在配置向导界面，全选所有的选项框，如图 7-18 所示。

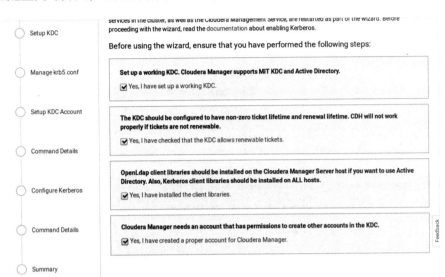

图 7-18 KDC 设置

加密类型默认，安全域配置为 NEWLAND.COM，KDC 的主机和 KDC Admin 的主机服务配置为 master，加密类型为 aes128-cts，des3-hmac-sha1 和 arcfour-hmac，如图 7-19 所示。

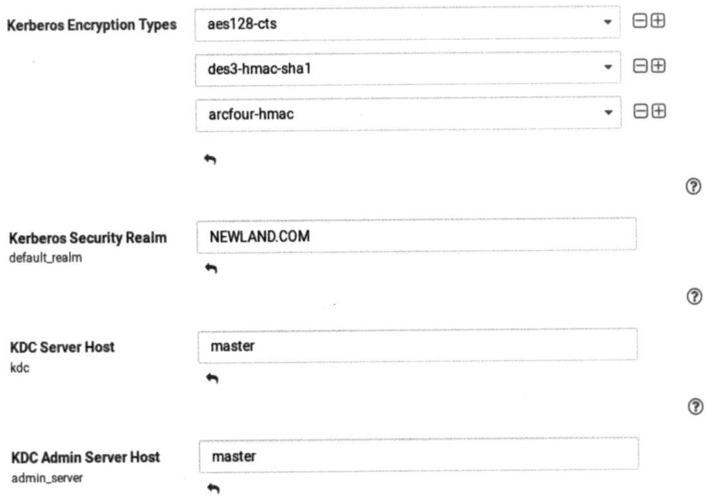

图 7-19 KDC 地址设置

选择是否通过 Cloudera Manager 管理 Kerberos，默认不勾选，如图 7-20 所示。

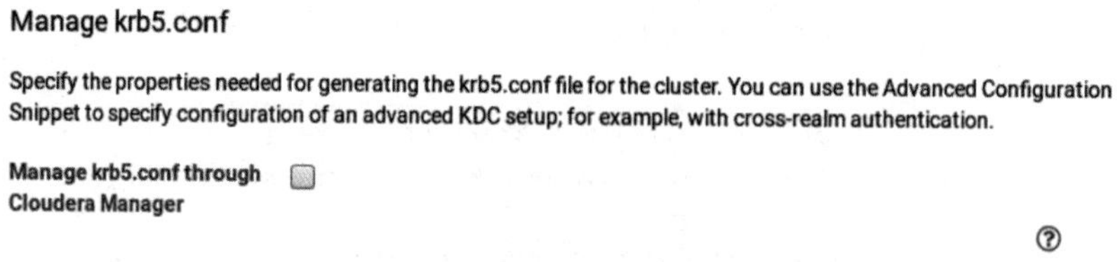

图 7-20 选择是否托管

设置刚才创建的用于 CDH 的 Kerberos 管理员信息，如图 7-21 所示。

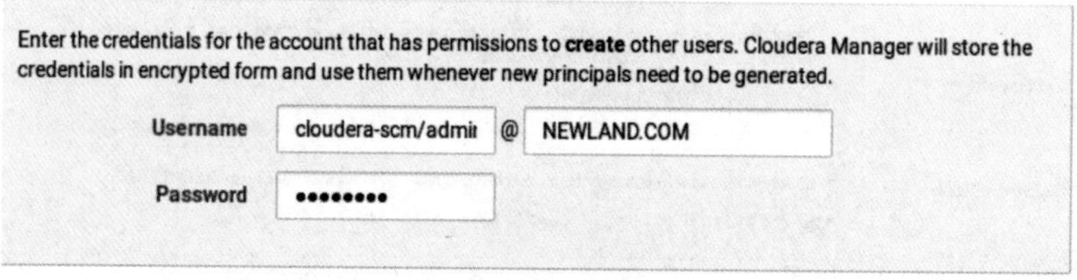

图 7-21 设置管理员信息

等待 Kerberos 配置到 Cluster 1 集群上，结果如图 7-22 所示。

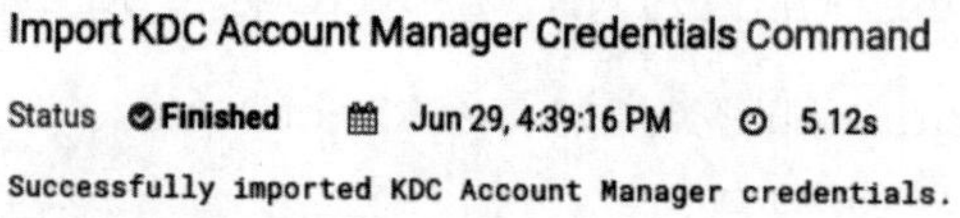

图 7-22 Kerberos 配置集群

默认跳过 Kerberos 安装配置，等待集群重启，配置完成如图 7-23 所示。

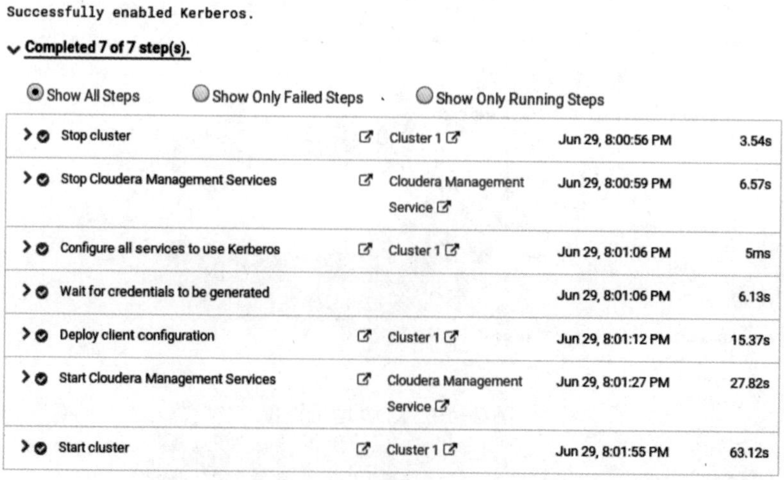

图 7-23 集群重启完成

查看 Kerberos 主体，会发现已经自动创建多个主体。

```
[root@master ~]# kadmin.local -q "list_principals"
Authenticating as principal newland/admin@NEWLAND.COM with password.
HTTP/master@NEWLAND.COM
HTTP/slave1@NEWLAND.COM
HTTP/slave2@NEWLAND.COM
K/M@NEWLAND.COM
cloudera-scm/admin@NEWLAND.COM
hdfs/master@NEWLAND.COM
hdfs/slave1@NEWLAND.COM
hdfs/slave2@NEWLAND.COM
httpfs/master@NEWLAND.COM
hue/master@NEWLAND.COM
kadmin/admin@NEWLAND.COM
kadmin/changepw@NEWLAND.COM
kadmin/master@NEWLAND.COM
kiprop/master@NEWLAND.COM
krbtgt/NEWLAND.COM@NEWLAND.COM
newland/admin@NEWLAND.COM
```

开启 Kerberos 安全认证后，日常的访问服务，例如访问 HDFS、Hive 等操作都需要先进行安全认证才能访问。

在 Kerberos 中创建用户主体，并进行认证。

```
[root@master ~]# kadmin.local -q "addprinc hdfs/hdfs@NEWLAND.COM"
[root@master ~]# kinit hdfs/hdfs@NEWLAND.COM
[root@master ~]# Hadoop fs -ls /
Found 1 items
drwxrwxrwt   - hdfs supergroup          0 2021-06-30 13:26 /tmp
```

注销认证再次尝试。

```
[root@master ~]# kdestroy
[root@master ~]# Hadoop fs -ls /
bash: Hadoop: command not found...
Similar command is: 'hadoop'
```

无法再次操作，说明认证配置成功。

第二节　数据访问权限管理

一、数据权限管理介绍

大数据权限管理常见的解决方案为：

· 管理用户身份，即用户身份认证。

· 用户身份和权限的映射关系管理，即授权。

而 Hadoop 中常见的开源解决方案是 Kerberos+LDAP(lightweight directory access protocpl，轻型目录访问协议)，Kerberos 作用于认证的环节，LDAP 作用于授权的环节，常见的解决方案有 Ranger，Sentry 等。Ranger 与 Sentry 是不同厂商开发出的组件，所以在不同的平台需要用不同的框架进行授权管理，CDH 使用 Sentry，Apache 使用 Ranger，可以解决以下问题：

·每个大数据组件（如 Hive、HBase 等）都有自己定义的权限管理，可以做到权限管理统一和简化。

·多个作业需要操作数据时，可以做到数据共享，因为不同的用户作业具有不同的用户权限。

·当请求的服务与集群交互，编程和接入方式变得多样时，可以减少权限管控的难度，使权限管控更加细粒度化。

·由于不同的作业具有不同的操作权限，可以使存储、计算、查询框架之间数据的互通串联能力更强。

（一）Sentry 数据权限管理工具介绍

Apache Sentry（以下简称 Sentry）是一个 Hadoop 开源组件，它提供了细粒度级、基于角色的授权以及多租户的管理模式。Sentry 当前可以与 Hive/Hcatalog、Apache Solr 和 Cloudera Impala 集成，未来会扩展到其他的 Hadoop 组件，例如 HDFS 和 HBase。

Sentry 是一个实时事件日志记录和汇集的平台，其专注于错误监控以及提取一切事后处理所需信息，且不依赖于用户反馈。它还提供了细粒度级、基于角色的授权以及多租户的管理模式。对于 Hadoop 和 Hive 来说，引入 Sentry 提升数据安全是非常必要的。

（二）Sentry 架构

Sentry 的体系结构中有三个重要的组件：一是 Binding，二是 Policy Engine，三是 Policy Provider，如图 7-24 所示。

Binding 实现了对不同的查询引擎授权，Sentry 将自己的 Hook 函数插入到各 SQL 引擎的编译、执行的不同阶段。这些 Hook 函数起两大作用：一是起过滤器的作用，只放行具有相应数据对象访问权限的 SQL 查询。二是起授权接管的作用，使用了 Sentry 之后，授予和撤销管理的权限完全被 Sentry 接管，授予和撤销权限的执行也完全在 Sentry 中实现；对于所有引擎的授权信息也存储在由 Sentry 设定的统一的数据库中。这样，所有引擎的权限就实现了集中管理。

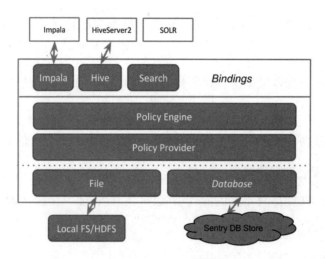

图 7-24　Sentry 架构图

Policy Engine 判定输入的权限要求与已保存的权限描述是否匹配，Policy Provider 负责从文件或者数据库中读取出原先设定的访问权限。Policy Engine 和 Policy Provider 其实对于任何授权体系来说都是必需的，因此可以看作是公共模块，后续还可服务于别的查询引擎。

（三）Sentry 权限类型

Sentry 目前用户类型有四种：超级管理员、管理员、普通用户和 System agents。超级用户只能通过命令行来创建，其他用户可以自己注册或由其他用户邀请注册加入，然后由超级管理员或管理员分配项目和权限。为了更好支持团队协助以及信息安全，新版本 Sentry 经过了重新设计，重新设计后的 Sentry 以 Team 为中心组织权限。所谓 Team 就是一个团队，一些用户组织在一起，对某些项目有操作权限。一个项目只能属于一个 Team，一个用户却可以属于多个 Team，并可在不同 Team 中扮演不同角色，如用户 A 在 Team X 是管理员，而在 Team Y 中是 System agents。Sentry 对用户角色的指定只能到 Team 级别，不能到 project 级别，所以将某个用户加入某个 Team 之后，这个用户就对所有属于这个 Team 下所有 Project 有了相同的权限。

- 超级管理员：能创建各种用户，Team 和 Project 只能由超级管理员创建。能进行项目的一些设置，比如改变 Owner，数据公开可见与否（设为 public 的数据可以通过 URL 不登录也能查看）以及客户端 domain 限制的设定。另外还有管理项目 API Key(客户端只有得到此 API Key 才能向 Sentry 发送消息) 的权限等。

·管理员：能创建用户，Team 和项目设定中除改变 Owner 之外的权限，可以对项目中具体数据进行 resolve，bookmark，public/unpublic 和 remove 操作。

·普通用户：无 Team 界面，只能对项目中具体数据进行 resolve，bookmark，public/unpublic 和 remove 操作。

·System agents：无 Team 界面，只能对项目中具体数据进行 bookmark，unpublic 和 remove 操作。

二、Sentry 配置

（一）CDH 常用组件安装

在 Cloudera Manager 管理界面的 Cluster 1 中选择 Add Service，添加 YARN，Hive，Hue 等服务，相关节点配置如图 7-25、图 7-26 和图 7-27 所示。

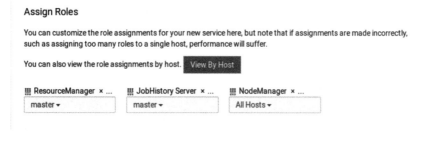

图 7-25　YARN 节点配置

图 7-26　Hive 节点配置

图 7-27　Hue 节点配置

（二）配置 Sentry 工具

在 Add Service 中，选择 Sentry，节点配置如图 7-28 所示。

图 7-28　Sentry 节点配置

配置完数据库信息后完成安装如图 7-29 所示。

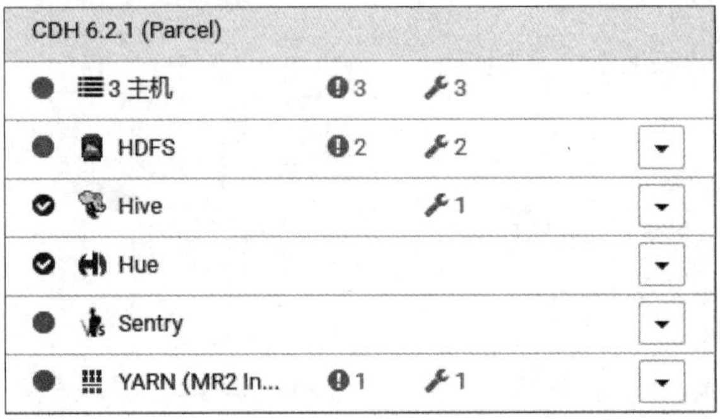

图 7-29　完成安装

三、管理用户访问数据的方法

（一）集群配置 Sentry

1. Hive 配置 Sentry

在 Cluster 1 中点击 Hive，进入到 Hive 的详细配置页面后，选择 Configuration 进行详细配置，Hive 配置页面如图 7-30 所示。

在搜索框中查找 Sentry，找到 Sentry Server，并将 Hive(Service-Wide) 改为使用 Sentry，Hive 启用 Sentry 如图 7-31 所示。

接着搜索 HiveServer2，取消 HiveServer2 Enable Impersonation 的勾选，Hive 关闭用户模拟功能如图 7-32 所示。

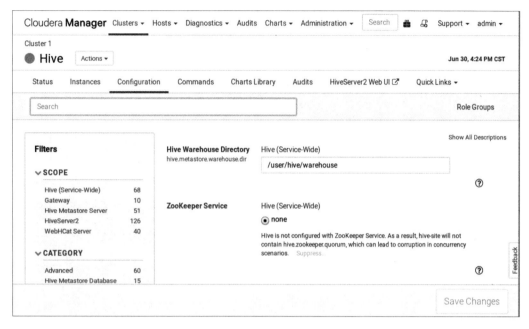

图 7-30 Hive 配置页面

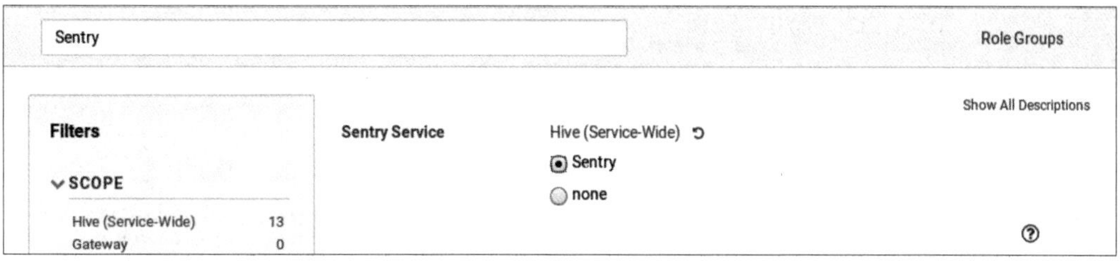

图 7-31 Hive 启用 Sentry

图 7-32 Hive 关闭用户模拟功能

2. Hue 与 Sentry 集成

在 Cluster 1 中点击 Hue，进入到 Hive 的详细配置页面后，选择 Configuration 进行详细配置。在搜索框中查找 Sentry，找到 Sentry Server，并将 Hue(Service-Wide) 改为使用 Sentry，Hue 配置 Sentry 如图 7-33 所示。

图 7-33　Hue 配置 Sentry

3. HDFS 与 Sentry 集成

在 Cluster 1 中点击 Hue，进入到 Hive 的详细配置页面后，选择 Configuration 进行详细配置。在搜索框中查找 ACLs，找到 Enable Access Control Lists 和 Enable Sentry Synchronization，并勾选 HDFS(Service-Wide)，HDFS 配置 Sentry 如图 7-34 所示。

图 7-34　HDFS 配置 Sentry

完成配置后，回到 Clouder Manager 主页，部署客户端配置并重启相关服务。

（二）使用 HUE 管理 Sentry 权限

Sentry 的授权管理需要使用 Sentry 管理员对其他用户进行授权，授权有两种方式，通过 Hue 进行可视化操作或者在 Hive 中使用授权语句操作。

在 Cluster 1 中点击 Hue，进入到 Hive 的详细配置页面后，选择 Configuration 进行详细配置。在搜索框中查找 admin.group，可以查看当前 Sentry 所设置的管理员组信息，如图 7-35 所示。只有当某用户所属组属于其中时，才可以为其他用户授予权限。

在所有的节点中，创建两个用户，名为 reader 和 writer，密码均为 123456，为权限测试做准备。

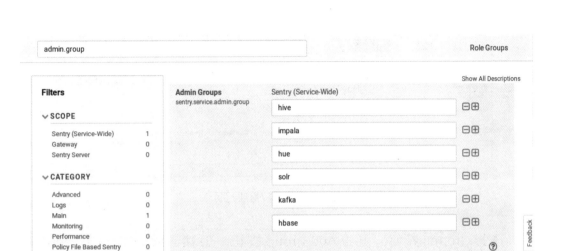

图 7-35　Sentry 管理员组

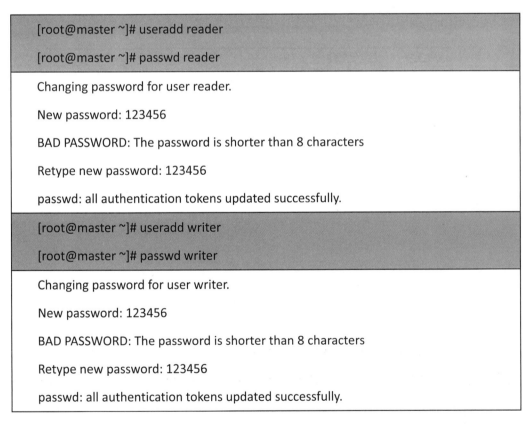

使用 Hive 用户登录 Hue，默认端口为 8889，首次登录设置管理员账号密码均为 admin。登录后选择 Manage Users，用户管理界面如图 7-36 所示。

图 7-36　用户管理界面

选择 Groups 界面，点击 Add group 按钮，创建三个用户 hive、reader、writer，开启所有权限。并在 Users 界面创建三个用户 hive、reader、writer，分别归属同名的用户组。注销账号并切换为 hive 用户登录，在左侧的 Browsers Security 中，点击 Rules 按钮，并点击添加按钮，创建规则如图 7-37 所示。

图 7-37　创建规则

为 hive 创建 admin_role，权限选择为 ALL；为 reader 创建 reader_role，权限选择为 SELECT；为 writer 创建 writer_role，权限选择为 INSERT，其规则如图 7-38、图 7-39 和图 7-40 所示。

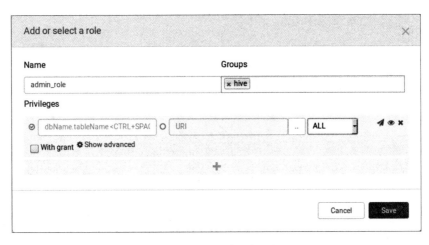

图 7-38　管理员规则

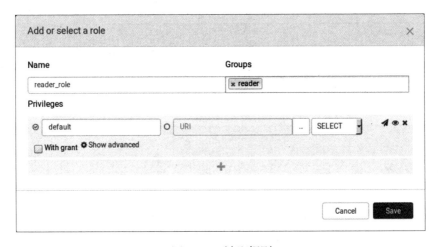

图 7-39　读取规则

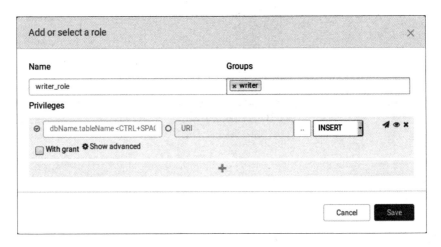

图 7-40　写入规则

（三）使用 Hive 管理 Sentry 权限

在 hive 的所有节点中创建两个用户 reader2 和 writer2，方法与之前创建 reader 和 writer 一致。使用 Sentry 管理员用户 hive，通过 beeline 客户端连接 HiveServer2。

```
[root@master ~]# kadmin.local -q "addprinc hive/hive@NEWLAND.COM"
[root@master ~]# kinit hive/hive
[root@master ~]# beeline -u "jdbc:hive2://salve1:10000/;principal=hive/slave1@NEWLAND.COM"
```

Hive 创建新规则。

```
hive> create role reader_role;
hive> create role writer_role;
```

为规则赋予权限。

```
hive> GRANT select ON DATABASE default TO ROLE reader_role;
hive> GRANT insert ON DATABASE default TO ROLE writer_role;
```

将 role 授予用户组。

```
hive> GRANT ROLE reader_role TO GROUP reader2;
hive> GRANT ROLE writer_role TO GROUP writer2;
```

查看所有权限（管理员）。

```
hive> SHOW ROLES;
hive> GRANT ROLE writer_role TO GROUP writer2;
```

查看指定用户组的规则（管理员）。

```
hive> SHOW ROLE GRANT GROUP reader2;
```

查看当前认证用户的规则。

```
hive> SHOW CURRENT RULES;
```

查看指定规则的具体权限（管理员）。

```
hive> SHOW GRANT ROLE reader_role;
```

第三节　大数据平台安全与风险

一、常见大数据平台风险问题处理方法

（一）大数据面临的风险

在大数据时代，每个人都是数据的贡献者。根据中投顾问《2016—2020年中国智能家居投资分析及前景预测报告》的分析，2020年，一个中国普通家庭一年产生的数据相当于半个国家图书馆的信息储量。通过对相关数据的归并整理，可以筛选出大量有商用价值的数据，而这些数据也是未来互联网企业发展的新型引擎。海量的数据不仅带来了巨大的商用价值，同时也必然会成为众多黑客觊觎的目标，从而带来更多的安全问题。

1. 大数据遭受异常流量攻击风险

大数据所存储的数据非常巨大，往往采用分布式的方式进行存储。正是由于这种存储方式，存储的路径视图相对清晰，数据量过大导致数据保护相对简单，黑客会轻

易利用相关漏洞实施不法操作，造成安全问题。由于大数据环境下终端用户非常多，受众类型多，对客户身份的认证环节需要耗费大量处理能力。因此，大数据为高级持续性威胁（APT，advanced persistent threat）攻击提供了良好的隐藏环境。众多互联网平台均遭受过 APT 攻击，造成网络受阻，计算机系统瘫痪。例如 2013 年 3 月，韩国部分电视台和银行同时遭受攻击，共受到 1 500 多次的非法入侵，受破坏的计算机达 48 700 台，成为近年来最严重的 APT 攻击事件。

由于 APT 攻击具有很强的针对性且攻击时间长，一旦攻击成功，大数据分析平台输出的最终数据均会被获取，容易造成较大信息安全隐患。

2. 大数据平台的信息泄露风险

在对大数据进行数据采集和信息挖掘的时候，要注重用户隐私数据的安全问题，在不泄露用户隐私数据的前提下进行数据挖掘。需要考虑的是，在分布计算的信息传输和数据交换时保证各个存储点内的用户隐私数据不被非法泄露和使用，是当前大数据背景下信息安全的主要问题。同时，当前的大数据数据量并不是固定的，而是在应用过程中动态增加的，但是，传统的数据隐私保护技术大多是针对静态数据的，所以，如何有效地应对大数据动态数据属性和表现形式的数据隐私保护，也是非常重要的。大数据的数据远比传统数据复杂，现有的敏感数据的隐私保护能否能够满足大数据复杂的数据信息，也是应该考虑的重要问题。

3. 大数据的存储管理风险

大数据的数据类型和数据结构是传统数据不能比拟的，在大数据的存储平台上，数据量是非线性甚至是指数级的速度增长的。各种类型和各种结构的数据进行数据存储，势必会引发多种应用进程的并发且频繁无序运行，极易造成数据存储错位和数据管理混乱，为大数据存储和后期的处理带来安全隐患。当前的数据存储管理系统，能否满足大数据背景下的海量数据的数据存储需求，还有待考验。不过，如果数据管理系统没有相应的安全机制升级，出现问题后则为时已晚。

（二）信息安全风险应对思路

基于大数据平台的业务需求，以及大数据平台面临的安全问题，很难通过一次安全建设将大数据平台面临的所有风险解决；同时，安全风险也是动态发展变化的，因此，应对思路也需要随着大数据平台的安全需求变化不断完善和发展。从大数据平台的构成角度来看，信息安全的保密性、完整性、可用性，以及根据网络层次划分的从物理层安全到应用层安全，仍然是需要解决的问题。

在应对大数据平台信息安全问题时，需要整体考虑，通盘规划；需要基于业务需求，采用多层面、全方位的解决方案来应对。安全域的划分可更好地对不同重要等级的区域进行适当防护，大数据平台的基础网络架构也不例外，其防护策略主要分为安全域边界和安全域内部的防护。

可以从大数据平台基础支撑网络构架的不同来进行整体安全域的划分，主要分为互联网接入区、核心汇聚区、业务接入区和运维管理区等。

1. 大数据分析平台互联网接入区信息安全防护思路

（1）实施最严格的访问控制策略。

制定访问控制策略的意义是从网络访问源头开始区分安全访问区，可以根据平台内不同设备的重要性制定分门别类的安全策略。防火墙和交换机上的 ACL 均可实现访问控制的功能，通过在访问源头制定安全策略，校验接入方向的数据包并检查具体操作方式等，来确认数据包转发的合法性。

（2）实施最细粒度的异常流量分析。

随着技术的不断发展，恶意攻击的技术代价也越来越小，这也导致网络上充斥着大量的异常流量。因此，针对所有流量的检测意义非常重大。可以加强在大数据平台网络出口进行异常流量分析或检测能力的建设，以期达到分析数据、研判趋势的目的。同时，通过对异常流量进行及时告警和定位，还可使相关管理人员能够准确发现异常流量进入网络的端口和攻击目标，以便做出反应，将异常流量对信息安全的影响减少到最低或消除。

2. 大数据分析平台核心汇聚区信息安全防护思路

（1）建立动态攻击防护手段。

大数据平台完全面向互联网，所面临的威胁会被无限放大。入侵检测与防护技术的引入，除了可以对攻击行为进行阻断，还可以通过报文的分析发现潜在风险，并触发智能保护措施。但需要注意的是，因为大数据平台数据量大的特点，入侵检测与防护技术的关键点在于从海量的告警数据中进行过滤、梳理与提取。此外，信息安全防护层面，可以利用 killer 数据包切断特定的敏感信息传输，从而在第一时间阻止敏感信息的泄露。

（2）应用有效的 Web 防护技术。

Web 应用防护技术在事前可通过扫描的方式，主动检查大数据平台中所有 Web 形态的资产，并把结果形成新的防护规则增加到事中的防护策略中。而事后的防篡改则可以保证即使系统有疏漏，也可以让攻击的步伐止于此，不能进一步修改和损坏文件。除此之外，Web 应用防护技术还可以检测 SSL 加密流量中混杂的攻击，并提供白名单模型，在确保 Web 应用安全的前提下，增加日常运维的便利性。

3. 大数据分析平台业务接入区信息安全防护思路

（1）建设病毒防护能力。

病毒防范系统是业务接入网架构中不可或缺的一部分。大数据平台进行统一的病毒防范管理，一般采用安装防病毒客户端的形式，这就要求防病毒软件能实现对大数据平台的自有设备进行集中设置和安装，并可分发防病毒代码和引擎，实现集中的病毒代码和引擎的升级。病毒防护一般可设定多重预约扫描，对特定磁盘、目录和文件进行安全扫描，对 Java Applet、ActiveX 恶意代码、病毒、木马和 BO 程序等准确检测和拦截，保证大数据平台网络没有病毒"后门"。此外，多种报警模式和集中统一的事件日志纪录，还可以对病毒事件及时进行通知。

（2）进行审计操作。

针对大数据平台的数据库交互，需对不同数据库的 SQL 语义进行分析，提取出 SQL 中相关的要素（用户、SQL 操作、表、字段、视图、索引、过程和函数等），实时监控来自各个层面数据库的活动，包括来自应用系统发起的数据库操作请求、来自数据库客户端工具的操作请求和通过远程登录服务器后的操作请求等 SQL 命令，并对违规的操作进行阻断。系统不仅对数据库操作请求进行实时审计，还可对数据库返回结果进行完整还原和审计，同时可以根据返回结果设置审计规则。

4. 大数据分析平台运维管理区信息安全防护思路

（1）账号统一管理。

大数据平台网络规模庞大，网络设备数量繁多，因此账号的管理给信息安全带来了较大的潜在风险。例如，多个用户混用同一个账号，或一个用户使用多个账号等粗放式的权限管理，这给准确定位安全事件带来了一定的困难。而集中账号管理可以有效解决上述问题，通过最小权限原则的账号集中管理，可以保障专属岗位的人做专属职责的事。

（2）动态漏洞评估。

大数据平台因资产众多，难免存在一些漏洞，对这些漏洞的动态评估也是安全运维的重要工作。漏洞评估工作的要点在于"三分技术七分管理"，发现漏洞后的漏洞影响分析与处置非常关键，需要将漏洞评估工作定性为常态化工作，介入资产的全生命周期，形成高效的漏洞闭环处置机制。

大数据在现代社会经济生活中扮演了越来越重要的角色，但信息安全问题也随之而来。各行各业的大数据从业人员都需要从当前数据安全面临的挑战出发，不断完善管理制度，积极研发探索能够发挥大数据优势的安全技术，加强数据保护关键技术的攻关，提升对数据跨境流动的管控能力。

二、系统漏洞测试方法详解

系统漏洞也称安全缺陷，这些安全缺陷会被入侵者所利用，从而达到控制目标主机或造成一些更具破坏性的目的。

所有操作系统的默认安装（default installation）都没有被配置成最理想的安全状态，所以会出现漏洞。漏洞是指应用软件或操作系统软件在逻辑设计上的缺陷，或在编写时产生的错误。某个程序（包括操作系统）在设计时未考虑周全，则这个错误或缺陷将可以被不法者或黑客利用，通过植入木马、病毒等方式攻击或控制电脑，从而窃取电脑中的重要资料信息，甚至破坏系统。

漏洞是硬件、软件、协议的具体实现或系统安全策略上存在的缺陷，从而让攻击者能够在未授权的情况下访问或破坏系统。漏洞会影响到大范围的软、硬件设备，包括系统本身和支撑软件、网络用户和服务器软件、网络路由器和安全防火墙等。换言之，在这些不同的软、硬件设备中，都可能存在不同的安全漏洞。

在不同种类的软、硬件设备及设备的不同版本之间，由不同设备构成的不同系统之间，以及同种系统在不同的设置条件下，都可能存在不同的安全漏洞。系统漏洞又称安全缺陷，可对用户造成不良后果。如漏洞被恶意用户利用，可能造成信息泄露；黑客攻击网站即利用网络服务器操作系统漏洞，可能对用户操作造成不便，或不明原因的死机和丢失文件等。

（一）系统漏洞测试方法概述

系统漏洞包括操作系统本身的安全漏洞，以及运行在操作系统之上的应用程序（例如 Apache，Nginx，MySQL）的安全漏洞。

判断程序是否满足某种安全性质是一个逻辑命题，主要有以下三种方法。

1. 基于程序正确性证明方法

程序正确性证明一般使用 Hoarce 逻辑 [1,2] 等公理系统，从语法推导的角度证明程序的公理语义是否满足待检验的安全性质。基于该方法开发的工具通常需要事先给出程序的安全性规约，是一件费时费力的事情。

2. 基于模型检验的方法

该方法使用有穷自动机表示程序的状态迁移系统，并从语义的角度验证所建立的状态迁移系统是否为待检验性质的一个模型。该方法只能应用于有穷状态系统，且存在状态爆炸问题。

3. 基于程序分析的方法

该方法对软件进行人工或者自动分析，以验证、确认或发现软件性质（或者规约、约束）的过程或活动，使用程序分析的方法进行软件安全性检测，可有效发现和检测软件中存在的安全缺陷或漏洞，是目前普遍应用的方法。

(二)系统安全漏洞检测方法

从不用的角度,基于程序分析的软件安全漏洞检测可以有不同的分类方式。

1. 按照程序代码的文本形式分类

(1)基于二进制代码分析的方法。二进制分析多采用动态分析方法。

(2)基于源代码分析的方法。源代码分析多采用静态分析方法。

2. 按照是否运行程序代码分类

(1)基于静态分析的方法。静态分析方法从语法或语义的层面分析程序文本(源代码或二进制),以推导其语法或语义性质。多数静态分析方法为了建立用于分析的模型,需要对程序的动态语义做某种形式的抽象,其抽象结果难免会引入实际不可行路径和不可达状态。静态分析方法难以在有限时间内判定抽象路径的可行性,这是导致误报的主要原因。这类方法对被分析程序的实际可达状态做上近似处理(over approximation)。当然也存在一些静态方法同时做上近似和下近似处理(under approximation),因而同时引入漏报和误报,如图7-41所示。

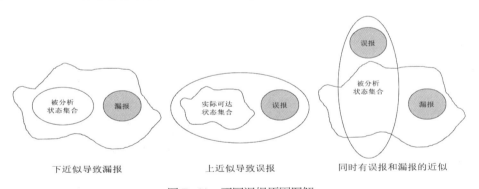

图7-41 不同误报原因图解

(2)基于动态分析的方法。动态分析方法通过运行待测程序以获取和分析程序运行过程中产生的动态信息,以判断其运行时的语义性质。动态分析只获取程序的实际可行路径和可达状态,这是保证分析结果没有误报的根本原因。但由于其大多时候并不能遍历程序的所有可行路径,因而可能错过了某些可以引发程序错误的执行路径,进而导致漏报。换言之,动态分析方法对程序的实际可达状态做近似处理。

三、常见开源漏洞检测工具介绍

（一）Java 自动化 SQL 注入测试工具 jSQL

jSQL 是一款轻量级安全测试工具，可以检测 SQL 注入漏洞。其可以跨平台（Windows，Linux，Mac OS X，Solaris），开源且免费，如图 7-42 所示。

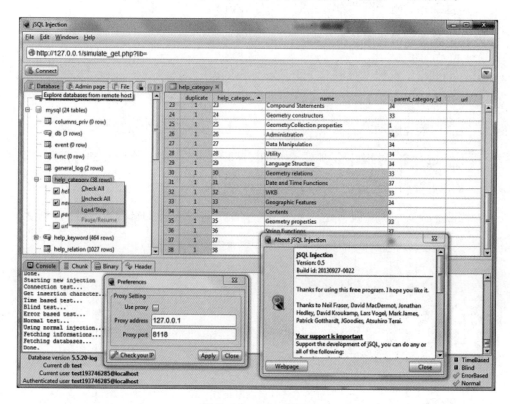

图 7-42 jSQL 界面

（二）漏洞评估系统 OpenVAS

OpenVAS 是开放式漏洞评估系统，也是一个包含着相关工具的网络扫描器。其核心部件是一个服务器，包括一套网络漏洞测试程序，可以检测远程系统和应用程序中的安全问题。其架构如图 7-43 所示。

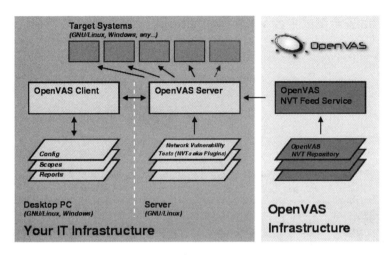

图 7-43　OpenVAS 架构

（三）漏洞检测工具 Cvechecker

Cvechecker 将检查系统和已安装的软件，通过匹配 CVE 数据库，报告可能存在的漏洞，如图 7-44 所示。

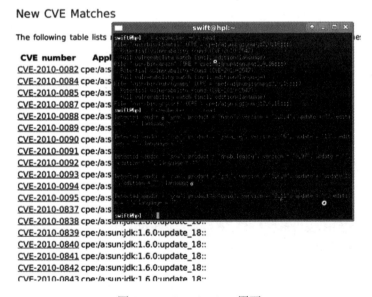

图 7-44　Cvechecker 界面

(四) Web 安全测试平台 Vega Platform

Vega 是一个开放源代码的 web 应用程序安全测试平台,能够帮助用户验证 SQL 注入、跨站脚本(XSS)、敏感信息泄露和其他一些安全漏洞。Vega 使用 Java 编写,有 GUI,可以在 Linux,OS X 和 windows 下运行。Vega 类似于 Paros Proxy,Fiddler,Skipfish 和 ZAproxy 等软件,如图 7-45 所示。

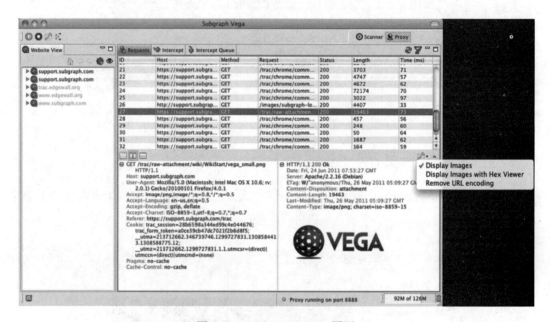

图 7-45　Vega Platform 界面

(五) 路由器漏洞检测及利用框架 RouterSploit

RouteSploit 框架是一款开源的漏洞检测及利用框架,其针对的对象主要为路由器等嵌入式设备,如图 7-46 所示。

RouteSploit 框架主要由可用于渗透测试的多个功能模块组件组成。

·Scanners:模块功能主要为检查目标设备是否存在可利用的安全漏洞。

·Creds:模块功能主要针对网络服务的登录认证口令进行检测。

·Exploits:模块功能主要为识别到目标设备安全漏洞之后,对漏洞进行利用,实现提权等目的。

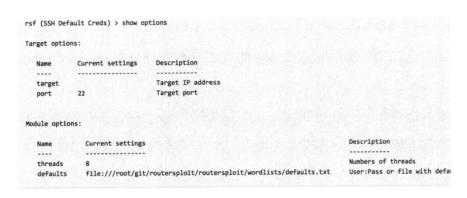

图 7-46　RouterSploit 运行结果

（六）Web 渗透测试 Zed Attack Proxy

Zed Attack Proxy (Zaproxy) 是一个渗透测试工具，用来使 Web 应用更安全。虽然 ZAP 可以自动检测一些安全问题，它主要用于手动帮助用户寻找安全漏洞，如图 7-47 所示。

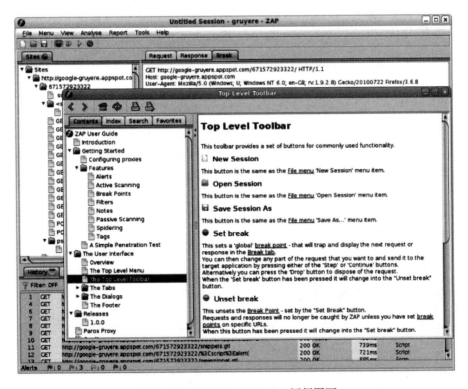

图 7-47　Zed Attack Proxy 运行界面

（七）基于 Java 的开源 URL 嗅探器 URL-Detector

这是一个可以检测并规范化文本中的 URL 地址的 Java 库，是一个 URL 探测工具。

Linkedin 在每一秒钟会检查数十万数量级的 URLs。这些 URL 可能是来自恶意软件或者钓鱼网站的。为了保障每一个用户有一个安全的浏览体验，同时防止潜在的危险，Linkedin 后端的内容检查服务程序会检查所有由用户产生的内容。为了在每秒数十万规模的用户内容上检测不良的 URL，Linkedin 要有能够在此规模上快速提取文本中 URL 的方法，如图 7-48 所示。

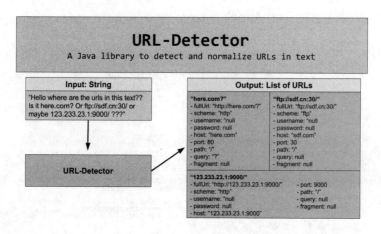

图 7-48　URL-Detector 原理

（八）漏洞扫描工具 Nikto

Nikto 是一款开放源代码的、功能强大的 Web 扫描评估软件，是能对 web 服务器多种安全项目进行测试的扫描软件，能在 230 多种服务器上扫描出 2 600 多种有潜在危险的文件、CGI 及其他问题。它可以扫描指定主机的 Web 类型、主机名、特定目录、COOKIE、特定 CGI 漏洞、返回主机允许的 http 模式等。它也使用 LibWhiske 库，但通常比 Whisker 更新更加频繁。Nikto 是网管安全人员必备的 Web 审计工具之一。

（九）漏洞扫描程序 Nessus

Nessus 是流行的漏洞扫描程序之一。尽管这个扫描程序可以免费下载，但是要从 Tenable Network Security 更新最新的威胁信息,每年的直接订购费用很高。Linux、FreeBSD、Solaris、Mac OS X 和 Windows 下都可以使用 Nessus。

(十)容器漏洞分析服务 Clair

Clair 是一个容器漏洞分析服务。它提供一个能威胁容器漏洞的列表,并且在有新的容器漏洞发布出来后会发送通知给用户,如图 7-49 所示。

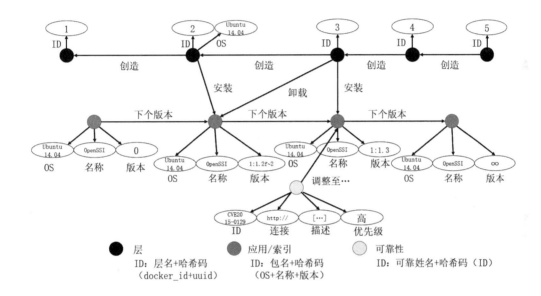

图 7-49　Clair 原理

思考题

1. 简述用户验证的原理。

2. 概述 Kerberos 的认证流程。

3. 如何理解数据访问权限?

4. 列举常见的大数据平台风险。

5. 列举常见系统漏洞测试的方法。

参考文献

[1] Apache Software Foundation. HDFS High Availability [ER/OL]. https://hadoop.apache.org/docs/stable/hadoop-project-dist/hadoop-hdfs/HDFSHighAvailabilityWithNFS.html, 2008-2021.

[2] The Apache Software Foundation. Apache ZooKeeper - Server 3.7.0 API [ER/OL]. https://zookeeper.apache.org/doc/current/apidocs/zookeeper-server/index.html, 2008-2021.

[3] The Apache Software Foundation. Apache Spark [ER/OL]. http://spark.apache.org/, 2008-2021.

[4] The Apache Software Foundation. Apache Impala [ER/OL]. http://impala.apache.org/, 2008-2021.

[5] The Apache Software Foundation. Apache Hive [ER/OL]. http://hive.apache.org/, 2008-2021.

[6] Apache Software Foundation. Apache Kafka [ER/OL]. http://kafka.apache.org/, 2017.

[7] Apache Software Foundation. Apache Kylin [ER/OL]. http://kylin.apache.org/, 2015.

[8] Apache Software Foundation. Apache Druid [ER/OL]. https://druid.apache.org/, 2020.

[9] The Apache Software Foundation. Apache Flink [ER/OL]. https://flink.apache.org/, 2014–2021.

[10] The MIT Kerberos Consortium. Kerberos [ER/OL]. https://www.kerberos.org/, 2011–2021.

[11] The Apache Software Foundation. Welcome to Apache HBase [ER/OL]. http://hbase.apache.org/, 2007–2021.

[12] Apache Software Foundation. HUE [ER/OL]. http://kylin.apache.org/docs/tutorial/hue.html, 2015.

[13] 中国网络安全审查技术与认证中心. 信息安全管理体系认证 [ER/OL]. https://www.isccc.gov.cn/zxyw/txrz/ismsrz/index.shtml, 2021.

后记

大数据时代的到来,让大数据技术受到了越来越多的关注。"大数据"三个字不仅代表字面意义上的大量非结构化和半结构化的数据,更是一种崭新的视角,即用数据化思维和先进的数据处理技术探索海量数据之间的关系,将事物的本质以数据的视角呈现在人们眼前。

随着数字经济在全球加速推进以及 5G、人工智能、物联网等相关技术的快速发展,数据已成为影响全球竞争的关键战略性资源。我国对大数据产业的发展尤为重视,2013 年至 2020 年,国家相关部委发布了 25 份与大数据相关的文件,鼓励大数据产业发展,大数据逐渐成为各级政府关注的热点。

大数据产业之所以被各级政府所重视,是因为它是以数据及数据所蕴含的信息价值为核心生产要素,通过数据技术、数据产品、数据服务等形式,使数据与信息价值在各行业经济活动中得到充分释放的赋能型产业,适合与各种行业融合,作为各种基础产业的助推器。大数据已不再仅仅是一种理论或视角,而是深入到每一个需要数据、利用数据的场景中去发挥价值、挖掘价值的实用工具。

我国的大数据产业正处于蓬勃发展的阶段,需要大量的专业人才为产业提供支撑。以《人力资源社会保障部办公厅 市场监管总局办公厅 统计局办公室关于发布人工智能工程技术人员等职业信息的通知》(人社厅发〔2019〕48 号)为依据,在充分考虑科技进步、社会经济发展和产业结构变化对大数据工程技术人员专业要求的基础上,以客观反映大数据技术发展水平及其对从业人员的专业能力要求为目标,根据《大数据工程技术人员国家职业技术技能标准（2021年版）》（以下简称《标准》）对大数据工程技术人员职业功能、工作内容、专业能力要求和相关知识要求的描述，人力资源社会保障部专业技术人员管理司指导工业和信息化部教育与考试中心，组织有关专家开展了大数据工程技术人员培训教程（以下简称教程）的编写工作，用于全国专业技术人员新职业培训。

大数据工程技术人员是从事大数据采集、清洗、分析、治理、挖掘等技术研究，并加以利用、管理、维护和服务的工程技术人员。其共分为三个专业技术等级，分别为初级、中级、高级。其中，初级、中级分为三个职业方向：大数据处理、大数据分析、大数据管理；高级不分职业方向。

与此相对应，大数据工程技术人员培训教程也分为初级、中级、高级培训教程，分别对应其专业能力考核要求。另外，还有一本《大数据工程技术人员——大数据基础技术》，对应其理论知识考核要求。初级、中级培训中，分别有三本教程对应初级、中级的大数据处理、大数据分析、大数据管理三个职业方向，高级教程不分职业方向，只有一本。

在使用本系列教程开展培训时，应当结合培训目标与受众人员的实际水平和专业方向，选用合适的教程。在大数据工程技术人员培训中，《大数据工程技术人员——大数据基础技术》是初级、中级、高级工程技术人员都需要掌握的；初级、中级大数据工程技术人员培训中，可以根据培训目标与受众人员实际，选用大数据处理、大数据分析、大数据管理三个职业方向培训教程的一至三种。培训考核合格后，获得相应证书。

大数据工程技术人员初级培训教程包含《大数据工程技术人员——大数据基础技术》《大数据工程技术人员（初级）——大数据处理与应用》《大数据工程技术人员（初级）——大数据分析与挖掘》《大数据工程技术人员（初级）——大数据管理》，共4本。《大数据工程技术人员——大数据基础技术》一书内容涵盖从事本职业（初级、中级、高级，不论职业方向）人员所需具备的基础知识和基本技能，是开展新职业技术技能培训的必备用书。《大数据工程技术人员（初级）——大数据处理与应用》一书内容对应《标准》中大数据初级工程技术人员大数据处理职业方向应该具备的专业能力要求，《大数据工程技术人员（初级）——大数据分析与挖掘》一书内容对应《标准》中大数据初级工程技术人员大数据分析职业方向应该具备的专业能力要求，《大数据工程技术人员（初级）——大数据管理》一书内容对应《标准》中大数据初级工程技术人员大数据管理职业方向应该具备的专业能力要求。

本教程读者为大学专科学历（或高等职业学校毕业）以上，具有较强的学习能力、计算能力、表达能力及分析、推理和判断能力，参加全国专业技术人员新职业培训的人员。

大数据工程技术人员需按照《标准》的职业要求参加有关课程培训，完成规定学时，取得学时证明。初级128标准学时，中级128标准学时，高级160标准学时。

本教程编写过程中，得到了人力资源社会保障部、工业和信息化部相关部门的正确领导，得到了一些大学、科研院所、企业的专家学者的大力帮助和指导，同时参考了多方面的文献，吸收了许多专家学者的研究成果，在此表示由衷感谢。

由于编者水平、经验与时间所限，本书的不足与疏漏之处在所难免，恳请广大读者批评与指正。

本书编委会